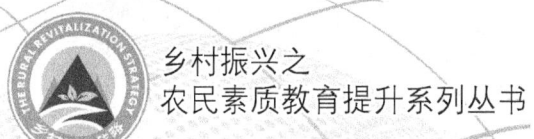

乡村振兴之
农民素质教育提升系列丛书

农产品品牌建设

◎ 李伟越　徐青蓉　杨　清　主编

中国农业科学技术出版社

图书在版编目（CIP）数据

农产品品牌建设／李伟越，徐青蓉，杨清主编. —北京：中国农业科学技术出版社，2020.7（2024.11重印）

（乡村振兴之农民素质教育提升系列丛书）

ISBN 978-7-5116-4814-3

Ⅰ.①农… Ⅱ.①李…②徐…③杨… Ⅲ.①农产品-品牌战略 Ⅳ.①F304.3

中国版本图书馆 CIP 数据核字（2020）第 106250 号

责任编辑　徐　毅
责任校对　贾海霞

出 版 者	中国农业科学技术出版社
	北京市中关村南大街 12 号　邮编：100081
电　　话	（010）82106631（编辑室）　（010）82109702（发行部）
	（010）82109709（读者服务部）
传　　真	（010）82106631
网　　址	http://www.castp.cn
经 销 者	各地新华书店
印 刷 者	北京虎彩文化传播有限公司
开　　本	850 mm×1 168 mm　1/32
印　　张	5.25
字　　数	130 千字
版　　次	2020 年 7 月第 1 版　2024 年 11 月第 3 次印刷
定　　价	26.00 元

◆◆◆ 版权所有·翻印必究 ◆◆◆

《农产品品牌建设》编委会

主　编：李伟越　徐青蓉　杨　清

副主编：宋伟泉　訾帅朋　李茂光　朱欲晓
　　　　　朱小晨　王血红

编　委：李玉华　玄成龙　刘海波　胡旭红
　　　　　王　瓒　廖恒俐

前　言

我国是农业大国，粮食、蔬菜、水果、肉类、水产品产量都是世界第一，但不少优质农产品"养在深闺人未识"。中央一号文件中明确提出，推进区域农产品公用品牌建设，支持地方以优势企业和行业协会为依托打造区域特色品牌，引入现代要素改造提升传统名优品牌。《中共中央国务院关于实施乡村振兴战略的意见》提出要深入推进农业绿色化、优质化、特色化、品牌化，调整优化农业生产力布局，推动农业由增产导向转向提质导向。为贯彻落实党中央、国务院及农业部关于"质量兴农、品牌强农"精神，促进各地农业品牌创建，发挥品牌引领作用，加快推进农业转型升级发展，我们组织编写了《农产品品牌建设》教材。

《农产品品牌建设》主要内容包括农产品品牌建设概述、农产品品牌策略及实施、农产品品牌建设流程、农产品品牌建设策略与技术、农业标准化与农产品品牌建设、农产品质量安全与农产品品牌建设、"三品一标"与农产品品牌建设、农产品加工与农产品品牌建设、农产品营销与农产品品牌建设、我国农产品品牌建设存在的问题与对策等。采用问卷调查法、实地访谈法等研究方法，结合我国农产品品牌建设实际，从农业产业链视角出发，对我国农产品品牌建设的理论和实践问题进行了深入研究，深入分析各品牌建设主体在农产品品牌建设实践中存在的问题，为我国农产品品牌建设提出了相关对策与建议。

本教材是针对提高新型职业农民基本素质、知识水平和掌握基本技能以及形成基本经验的课程,充分体现"职业化""实用性""针对性"的特点。农民通过《农产品品牌建设》的学习,能够掌握农产品品牌建设的知识和技能,具备农产品市场分析、农产品品牌建设、农产品营销策略制定等能力。该书内容丰富,语言通俗,适用于农民培训教材,也可作为农业职业院校相关师生阅读参考资料。

由于编者水平有限,编写时间仓促,书中存在不足之处,敬请广大读者批评指正。

编 者

2020年4月

目 录

第一章 农产品品牌建设概述 (1)
第一节 农产品品牌建设 (1)
一、农产品品牌的概念 (1)
二、农产品品牌建设 (6)
第二节 农产品品牌建设的意义和作用 (7)
一、农产品品牌是消费者选择购买的重要依据 (8)
二、农产品品牌降低消费者选购商品花费的时间和精力 (8)
三、农产品品牌有助于消除农产品消费市场的逆选择现象 (9)
四、农产品品牌降低农产品企业的营销费用 (10)
五、品牌能够帮助产品营销 (10)
六、促进标准化生产管理 (11)
七、农产品品牌可以增加农户收入 (11)
八、提高农产品的市场竞争力 (12)

第二章 我国农产品品牌建设存在的问题与对策 (13)
第一节 我国农产品品牌建设存在的问题 (13)
一、农产品品质及质量安全建设方面存在的问题 (13)
二、品牌产品价格建设方面存在的问题 (15)
三、农产品品牌联想度和美誉度建设方面存在的问题 (16)
四、品牌知名度建设方面存在的问题 (17)
五、品牌建设中的其他问题 (19)
第二节 我国农产品品牌建设的对策与建议 (19)

一、加强农产品品牌质量满意度建设 …………………… (19)
　　二、建立科学合理的定价和调价机制 …………………… (21)
　　三、多管齐下，提高农产品品牌美誉度 ………………… (22)
　　四、提升农业企业品牌宣传效率，扩大农产品品牌
　　　　知名度 ……………………………………………… (24)
第三章　农产品与农产品品牌建设的关系 ………………… (26)
　第一节　农业标准化与农产品品牌建设 ………………… (26)
　　一、农业标准化与农产品品牌建设关系 ………………… (26)
　　二、实施农业标准化，助推农产品品牌建设 …………… (28)
　　三、农业标准化与农产品品牌建设案例 ………………… (31)
　第二节　农产品质量安全与农产品品牌建设 …………… (34)
　　一、农产品质量安全与农产品品牌建设 ………………… (34)
　　二、农产品质量安全与农产品品牌建设案例 …………… (43)
　第三节　"三品一标"与农产品品牌建设 ………………… (48)
　　一、"三品一标"与农产品品牌建设关系 ………………… (48)
　　二、"三品一标"与农产品品牌建设案例 ………………… (50)
　第四节　农产品加工与农产品品牌建设 ………………… (57)
　　一、农产品加工与农产品品牌建设关系 ………………… (57)
　　二、农产品加工与农产品品牌建设案例 ………………… (59)
　第五节　农产品营销与农产品品牌建设 ………………… (62)
　　一、农产品营销与农产品品牌建设关系 ………………… (62)
　　二、农产品品牌建设案例 ………………………………… (63)
　　三、经验与启示 …………………………………………… (66)
第四章　农产品品牌策略及实施 …………………………… (69)
　第一节　农产品品牌策略 ………………………………… (69)
　　一、品牌有无策略 ………………………………………… (69)
　　二、品牌归属策略 ………………………………………… (70)
　　三、品牌统分策略 ………………………………………… (70)

四、品牌重新定位策略 …………………………………… (72)
　　五、多品牌策略 …………………………………………… (72)
第二节　农产品品牌策略的实施 ……………………………… (73)
　　一、从农产品生产经营主体来看 ………………………… (74)
　　二、从政府的支持来看 …………………………………… (76)
　　三、从社会管理角度来看 ………………………………… (76)

第五章　农产品品牌建设流程 ………………………………… (78)
第一节　农产品品牌规划阶段 ………………………………… (78)
　　一、选择合适的农产品 …………………………………… (78)
　　二、市场调查与环境分析 ………………………………… (82)
　　三、确定农产品品牌建设战略目标 ……………………… (87)
　　四、市场细分与目标市场选择 …………………………… (89)
　　五、农产品品牌定位 ……………………………………… (99)
第二节　农产品品牌创立阶段 ………………………………… (101)
　　一、农产品品牌的命名 …………………………………… (101)
　　二、农产品品牌识别系统设计 …………………………… (104)
　　三、农产品品牌注册 ……………………………………… (106)
　　四、品牌农产品投放市场 ………………………………… (107)
　　五、农产品品牌文化内涵的确定 ………………………… (119)
第三节　农产品品牌培育阶段 ………………………………… (121)
　　一、品牌质量管理 ………………………………………… (121)
　　二、农产品促销 …………………………………………… (123)
　　三、价格调整技巧 ………………………………………… (128)
第四节　农产品品牌扩张阶段 ………………………………… (133)
　　一、农产品品牌保护 ……………………………………… (133)
　　二、农产品品牌延伸 ……………………………………… (134)
　　三、农产品品牌连锁经营 ………………………………… (141)
　　四、农产品品牌国际化 …………………………………… (142)

第六章　农产品品牌建设策略与技术 ……………………（145）
第一节　农产品品牌创建的途径 ……………………（145）
一、建立农产品品质差异性 …………………………（145）
二、注册和保护农产品品牌商标 ……………………（146）
三、适当且合理的宣传 ………………………………（147）
四、依靠科技打造品牌 ………………………………（148）
五、注重品牌整合传播 ………………………………（148）
第二节　控制农产品品牌建设风险 …………………（149）
一、风险的类型 ………………………………………（149）
二、风险的控制方法 …………………………………（151）
第三节　农产品区域品牌建设 ………………………（152）
一、农产品区域品牌的含义 …………………………（152）
二、农产品区域品牌发展策略 ………………………（154）

参考文献 ………………………………………………（157）

第一章 农产品品牌建设概述

第一节 农产品品牌建设

一、农产品品牌的概念

（一）农产品的定义

不同领域中"农产品"的内涵与外延各不相同。2006年4月公布的《农产品质量安全法》第二条第一款，将农产品定义为：来源于农业的初级产品，即在农业活动中获得的植物、动物、微生物及其产品。所谓"初级产品"是指种植业、畜牧业、渔业产品，包括食用农产品和非食用农产品，不包括经过加工的同类产品，主要有谷物、油脂、农业原料、畜禽及其产品、林产品、渔产品、海产品、蔬菜、瓜果和花卉等。在农产品营销与品牌建设过程中，所体现的农产品主要特征与一般意义上农产品的特征不同，研究农产品营销与品牌建设的出发点是提高农产品质量安全，特别是食用农产品的质量安全。

（二）农产品品牌的概念

农产品品牌是指用于区别不同农产品的商标等要素的组合，如"蒙牛""伊利"等。我国农产品买方市场逐渐形成以及农业产业化的发展使农产品的市场竞争日益激烈，竞争形式不断创新，大量外来名牌农产品对我国农产品市场造成强烈的冲击。农产品品牌已经成为农产品取得市场竞争优势的重要手段。但是，相对于工业产品而言，农产品生产受自然环境因素的影响较大，具有季节性、地域性、周期性、质量不稳定等特征，因此，给农产品品牌建设带来一定的困难。

农产品品牌不等同于农业品牌。农业品牌是指农业领域内，主体之间用于区别本地域、本企业、本企业产品等资源与产品的所有标志、名称等标志性符号。农业品牌的外延要大于农产品品牌，农业品牌主要包括农业生产资料品牌、农业生产产品品牌（农产品品牌）、农业生产服务品牌，消费者最关心的是农产品品牌。

（三）农产品品牌的类型

农产品品牌按照不同的分类标准，有不同的分类结果。

1. 以品牌范围作为分类标准

农产品品牌有区域农产品品牌、区域农产品名牌、全国农产品名牌、国际农产品名牌。区域农产品品牌是指在某一地区使用，还没有形成知名度的品牌，一般都是新注册的品牌；区域农产品名牌是指在某一个地区具备一定知名度的品牌，根据区域大小，区域农产品名牌又可分为县市级农产品名牌、地市级农产品名牌、省级农产品名牌等；全国农产品名牌是指在全国范围内有知名度的品牌，如"金健"大米、"蒙牛"牛奶等；国际农产品名牌是指被世界公认的、被广泛得到认知的品牌，如"雀巢"咖啡等。

2. 以所处市场地位作为分类标准

根据所处市场地位的不同，可分为领导型农产品品牌、挑战型农产品品牌、跟随型农产品品牌、补缺型农产品品牌。领导型农产品品牌是指某行业中市场份额最大的品牌，如食用油行业中的"鲁花"；挑战型农产品品牌，指在本产品所在的行业中处于非领导地位，且有能力又有实力向品牌领导者发起挑战的农产品品牌，如胡姬花、金龙鱼等；跟随型农产品品牌指行业中处于跟随地位的、无法对领导型品牌构成竞争威胁的品牌；补缺型农产品品牌指某一行业，只占领某一不被市场主导品牌注意的细分市场的品牌。

3. 以产品所处生命周期作为分类标准

产品市场生命周期是指产品从投放市场开始，到最终退出市场为止所经历的全部时间，包括投入期、成长期、成熟期和衰退期。根据这一标准，农产品品牌可分为初创阶段农产品品牌、成长阶段农产品品牌、成熟型农产品品牌和衰退阶段农产品品牌。初创阶段农产品品牌是指处于农产品品牌建设初期，在市场上使用时间较短的农产品品牌；成长阶段农产品品牌是指已经被市场广泛认可，迅速成长的农产品品牌；成熟阶段农产品品牌是指品牌成长到一定时期，有足够大的市场占有率和知名度，但成长比较困难的农产品品牌；衰退阶段农产品品牌是指没有创新产品，且被消费者抛弃的农产品品牌。

4. 以品牌内涵差别作为分类标准

农产品品牌可分为狭义农产品品牌和广义农产品品牌。狭义农产品品牌仅指农业企业为自己的产品注册的产品品牌，有时简称农产品品牌（或产品品牌），如"乐义"牌蔬菜；"胡姬花"花生油等。广义农产品品牌是指所有能够体现农产品质量、功能等属性的标志，包括农产品的质量标志、种质标志、集体品牌和狭义的产品品牌等。

5. 以品牌模式作为分类标准

农产品和一般的工业产品不一样，产品模式较少，主要有产地品牌、品质品牌、企业品牌和产品品牌4种。产地品牌指拥有独特的自然资源以及悠久的种养殖方式、加工工艺历史的农产品，经过区域地方政府、行业组织或者农产品龙头等营销主体运作，形成明显具有区域特征的品牌，如西湖龙井、库尔勒香梨等。

(四) 农产品品牌的特征

1. 农产品品牌的价值性

由于品牌拥有者可以凭借品牌的优势不断获取利益,可以利用品牌的市场开拓力形成扩张力。2018 年 9 月 27 日,由中国果品流通协会等单位主办、浙江大学 CARD 中国农业品牌研究中心智力支持的第四届中国果业品牌大会发布了"2018 中国果品区域公用品牌"和"2018 中国果品商业品牌"价值评估结果,鑫荣懋品牌价值 33.55 亿元,位居"2018 中国果品商业品牌"榜首,见下表所示。

表　2018 年中国果品商业品牌品牌价值排行榜

排序	省份	企业名称	品牌名称	品牌价值（亿元）
1	广东	深圳市鑫荣懋农产品股份有限公司	鑫荣懋	33.55
2	上海	佳农食品控股（集团）股份有限公司	佳农	28.81
3	福建	厦门福慧达果蔬股份有限公司	SUNLOVIT 新乐仕	9.35
4	广东	深圳市鑫荣懋农产品股份有限公司	欢乐果园 JOY TREE	6.55
5	山东	栖霞德丰食品有限公司	DEFENG 德丰	5.43
6	辽宁	大连兴业源农产品有限公司	兴业	4.72
7	陕西	陕西华圣企业（集团）股份有限公司	华圣	4.58
8	广东	宏辉果蔬股份有限公司	宏辉果蔬	4.36
9	江西	江西丰广实业有限公司	丹柚 Danyou	3.99
10	河南	三门峡二仙坡绿色果业有限公司	ERXIANPO 二仙坡	3.88

2. 农产品品牌发展的不确定性

品牌建设过程中,处于多变的市场环境中,消费者的需求不断发生变化,产品质量管理中偶发的一些问题,导致农产品品牌价值可能增加,也可能缩小,甚至在竞争中退出市场。例如,双汇集团的瘦肉精事件,事件发生后,国内整个肉制品行

第一章 农产品品牌建设概述

业受到沉重打击，产值萎缩过半，"双汇"品牌价值一夜之间大大贬值。

3. 农产品品牌效应的外部性

农产品品牌效应的外部性表现在以下三方面。第一，地域品牌产生的外部性。地理标志产品的质量或特征主要或全部源于地域环境，包括自然因素和人文因素，地理标志是公共物品，具有外部性。例如，烟台苹果、莱阳梨等农产品的地理品牌，不仅为烟台、莱阳本地农产品带来较高收益，而且还为山东省农产品在全国树立了好的口碑，提升了山东省农产品在全国的知名度。再如，寿光"乐义"牌绿色蔬菜不但为本企业赢得了消费者，而且为整个寿光赢得"中国蔬菜之乡"的美誉。第二，无公害产品、绿色食品以及有机食品等品牌称号产生的外部性。"三品"的概念构成了食用农产品安全生产的基本框架，是政府为了解决近几年来日趋严重的农产品质量安全问题而推行和倡导的政府行为。由于政府及社会各界的宣传推动了绿色消费的时尚潮流，"三品"在市场上更容易获得认同，使用"三品"标志的产品能够以比较高的价格销售。"三品"标志是一种品牌形象，而且是获得"三品"认证农产品的整体品牌，"三品"标志具有外部性，使农产品生产者一旦获得"三品"认证，就得到了免费宣传和诸多的利益。第三，某个品牌产生的外部性。品牌具有引领时尚的倡导作用。如伊利的"大草原"品牌概念的传播，使消费者对该类产品形成了某种认知。对同业企业，如果在品牌主题中都过度强调某一自然特征，那么这一自然特征会在消费者心中形成认知，这种品牌概念由于具有一般特征而不具有企业特征，而成为整个行业的共同资产。

4. 农产品品牌的表象性

品牌需要通过一系列的物质载体表现自己。品牌的直接载体主要是文字、图案和符号，间接载体主要有产品质量、产品服务、知名度、美誉度、市场占有率。优秀的品牌在载体方面的表现较为突出。如美国都乐公司，成立于1851年，目前已成为世界上最大的、品质最好的新鲜水果、蔬菜生产、销售跨国集团之一，是全球最大的香蕉销售商和分销商之一，都乐香蕉已经成为优质香蕉的代表。

二、农产品品牌建设

农产品品牌建设是指品牌拥有者对品牌进行的规划、创立、设计、宣传、维护、扩张等的行为和努力。品牌建设的利益表达者和主要组织者是品牌拥有者，但参与者包括了品牌的所有接触点，如用户、渠道、合作伙伴、媒体甚至竞争对手等。品牌建设包括的内容有产品的定位、价格策划、渠道建设、品牌资产建设、信息化建设、客户拓展、媒介管理、口碑管理、营销策划等内容。农产品品牌建设的主要特征如下。

（一）农产品品牌建设受政策、法规影响大

一方面，农产品质量安全是关系全体消费者健康的大事，农产品供给又是关系国家政治稳定、社会安定和经济发展，因此，各个国家对农产品的供给都非常重视。在农产品供给中既有量的供给也有质的供给，质的供给就是保障优质农产品的供给。农产品品牌是促进农产品质量提高的有效措施，是保障优质农产品供给的有效手段，也是促进农民增收，激励农民提供优质农产品的有效机制。另一方面，农产品品牌建设本身涉及的主体较多，单纯依靠农业企业控制农产品质量、建设农产品品牌也很难收到较好效果，客观上要求政府必须利用政策、法律来规范有关主体行为，以保证农产品质量水平和创建农产品品牌建设法制化、制度化。所以，农产品品牌建设与工业品牌和服务业品牌相比，具有受到国家政策、法规影响大的特点。

(二) 农产品品牌建设过程的复杂性

首先，农产品品牌的复杂性导致了农产品品牌建设的复杂性。农产品品牌既有质量标志，又有集体标志，还包括种质标志。这些标志的建设需要多个主体通力合作、全力以赴才能实现。政府、农户、农业行业协会和农业企业是独立的经济主体，其利益取向各不相同，协调一致相当困难。其次，部分农产品的食用性特征要求部分农产品具有较高的质量标准，也使农产品品牌建设难度高于工业产品和服务产品，再加上农产品的生物性特征使农产品质量每时每刻都在发生变化，质量保证难度也格外大。另外，农户在农产品的生产过程、销售过程中的组织性较差，农产品质量的保证也相当困难。这些因素都导致农产品品牌建设过程要比一般工业产品和服务产品复杂得多。

(三) 农产品品牌建设过程的长期性

有研究表明，单位价值较高的产品，消费者关注品牌会更多，如汽车、冰箱等。但农产品大都属于日常消费品，其单位产品价值量一般不大，农产品品牌的单次品牌信息对消费者的刺激作用比较小。在人们的农产品品牌意识还不太强的今天，消费者对农产品的品牌极容易忽略。人们要常吃、常用才能积累品牌信息，形成信息刺激，使消费者记住。因此，农产品品牌建设过程具有长期性特征。

第二节 农产品品牌建设的意义和作用

品牌虽然是一种看不见、摸不着的东西，但是它有时候却要比商品具有更为重要的地位，因为，它是一个企业的无形资产，因为有它的存在，所以，在无形之中就为该企业的发展提供了一定的保障。之所以可口可乐公司的总裁伍德拉夫敢说"即使可口可乐公司在全球的所有工厂一夜之间化为灰烬，但凭借'可口可乐'这个品牌，它将很快复苏，仍将生机勃勃"这样的话，正是因为可口可乐公司拥有一个良好的品牌形象，民众对于这个品牌形象具有很好的印象。由此可见，在企业的生存发展过程当中，良好的品牌形象相当重要，有时候甚至可以起到不可替代、不可比拟的作用。

一、农产品品牌是消费者选择购买的重要依据

在农产品市场上不同质量的农产品外形相似，具有相同或相近的价格，消费者不容易从外观上辨别其质量情况。如果一个农产品具有相对良好的品牌形象，那么就必定会为消费者提供高质量、合理价格以及高满意度的保证，继而使消费者对该产品更加信赖。在消费者的眼中，只要该农产品的品牌形象基本保持不变，没有什么负面消息产生，在没有品牌危机的情况下，对该农产品来说消费者就会继续给予支持。但是，如果该农产品的品牌有了一定数量的负面消息，使消费者对其产生了一定程度的怀疑，或者该品牌农产品已经不能满足消费者的需求，那么消费者就会将这个品牌舍弃掉。消费者往往会对某一特定品牌形成一种特定认可，一旦消费者认可该品牌，那么就会成为这一品牌的忠诚客户。这种情况不仅满足了消费者的需求，同时，也使其节省了大量的购买时间，免得犹豫不决、举棋不定。因此，只有建立属于自己的农产品品牌，并用品牌征服消费者，才能在营销市场上占有一席之地。

二、农产品品牌降低消费者选购商品花费的时间和精力

互联网时代是一个信息爆炸的时代，消费者在作出购买决策前，为了作出正确选择，总是希望收集尽可能多的信息，因此，消费者在购买商品时信息收集和心理处理的任务是繁重和复杂的。例如，20世纪70年代，我国北方城市居民一般去粮油店购买食用油。但 30 年后的今天，食用油的市场有鲁花、胡姬花、龙大等 10 多个全国性品牌和许许多多的地方品牌，而每个品牌中又有色拉油、调和油、纯花生油、豆油、茶油、菜籽油等 10 多个品种，这样，消费者可选择的品种信息集就有 100 多个。农产品品牌实质上代表着卖者对交付给买者的产品特征、利益和服务的一贯性的承诺。

三、农产品品牌有助于消除农产品消费市场的逆选择现象

农产品生产区域不同，土质不同，产品的品质口感就不同；生产过程的工艺不同，施肥数量、种类不同都会导致农产品的内在质量不同，尤其是农产品生产过程监控困难和遭遇病虫害情况复杂等特点，决定了其农药使用量和使用品种不同，最终导致农产品农药残留不同。化肥和农药残留造成的污染都属于农产品内在质量问题，这些污染信息对于买卖双方来说是不对称的。一般情况下，农产品的生产经营者实施了种植、养殖、加工等生产行为，对产品的质量信息比消费者有更加全面的了解，消费者如果想了解更多的质量信息，单纯依靠农产品的外观判断显然是不可能的，而采用检测设备检测农产品质量对于一般消费者来说又是不经济且不现实的。所以，消费者只愿意根据某种农产品平均质量来支付价格。但是，在不同质量水平农产品共存的市场中，由于优质农产品的生产经营者需要较高的投入而不能获得足够利润，甚至不能弥补生产优质农产品所付出的成本，致使质量高于平均水平的优质农产品退出农产品市场交易，而质量较低农产品的生产经营者却获得了较高的利润。长期如此，当消费者发现市场上所出售的农产品质量下降时，其愿意支付的价格也随着下降，进而导致质量水平稍高的农产品也逐步退出市场，形成农产品市场质量更加下降的恶性循环，最后，只有质量较低的普通甚至劣质农产品充斥着整个市场。农产品市场的逆选择现象不仅不

利于消费者现实需求的满足，也不利于生产经营者获得较高利润。农产品品牌体现了生产经营者的承诺，承载了生产经营者赋予产品的大量相对固定的信息，使得消费者通过品牌可以知道这个产品的质量、功能、特点等信息。例如，消费者看到"都乐"牌香蕉，就能通过这个品牌长期传递给消费者的相对固定的信息集知道，这个品牌的香蕉是健康的、优质的，从而促使其他农产品经营企业提供更好的产品，形成良性循环。

四、农产品品牌降低农产品企业的营销费用

随着农产品品种数量的不断增长，消费者面临的可选择信息越来越多，生产者获得消费者的"选票"难度越来越大。农产品经营者推介产品、吸引消费者购买的成本也变得越来越高。农产品经营企业为了生存、发展，必须考虑降低推介成本。由于市场上农产品的品种繁多，竞争激烈，消费者被纷繁的信息所困扰，因此，农业企业在市场上采取逐一介绍自己农产品的功能、特点、质量的做法，是不容易引起消费者的注意和信任的。所以，在没有品牌的情况下，农产品经营企业即使投入巨大的营销成本，也难以赢得很多的消费者。但是，农产品经营企业如果采取品牌策略，用品牌将企业和产品信息"打包"呈现给消费者，就能达到事半功倍的效果，从而降低营销费用。

五、品牌能够帮助产品营销

品牌有利于销售量增长，树立良好的品牌形象，有利于消费者更加认可该品牌，提高对品牌的忠诚度。当消费者对于该农产品品牌已经认可并进而产生了一定程度的忠诚度，那么当消费者需要同类产品时，就会不假思索地想到心目中比较看好的这个品牌，该产品的销售量也会在无形中增加。而且，忠诚的消费者在使用了这个品牌的农产品之后，还会向周围的其他消费者进行介

绍，不仅销售量会稳步上升，同时，还达到了口碑宣传的效果。最有力的宣传手段就是口碑宣传，这样的宣传方式不仅不需要支付任何费用，同时，也是最有效的，消费者对品牌的现身说法是最有说服力的。

品牌有利于农产品管理溢价。众所周知，一个名牌产品的价格往往比非名牌产品的价格高出很多。以最常见的水果之一苹果为例，没有品牌的优质苹果，可能只以每千克1.6元的价格出售；相同质量的有品牌效应的苹果，每千克的售价则可以达到3~4元甚至更高，而且消费者出于对品牌的认可，出于对品牌背后的质量乃至服务的信任，出于对更好消费体验的追求，会更倾向于购买价格相对较高的品牌苹果。这就是品牌的溢价效应，能给企业带来更丰厚的利润。

六、促进标准化生产管理

生产者在对无品牌的农产品进行生产加工的时候，由于没有统一的标准，所以，生产者基本上是根据自己之前所掌握的经验进行生产或销售，每个人都有自己的见解，所生产出来的农产品质量和规格并不是相同的。如果建立了品牌，就要求生产者必须执行标准化的生产和管理，每个商品的质量都应该严格遵守标准，这样就使从生产到流通再到销售的可控性得到了提高。

七、农产品品牌可以增加农户收入

在没有品牌的情况下，农产品市场的逆选择导致农户采取一切可能降低生产成本的办法（如使用价格便宜的劣质化肥和带有毒性的农药等）来增加收益；或者在投入水平不高的情况下，最大限度地增加产量（如过度使用化肥农药、滥用生长激素等）来增加收益。长此以往，不仅优质农产品的供给会减少，农业的竞争力下降，而且不利于农业的可持续发展，最终导致农户难以持续经营。当农户在农产品品牌制度的约束下进行生产经营时，农户的投入水平、生产的科技水平必然大幅度提高，其生产经营收入也随之大幅度增加，农户收入会增加，农户的生产经营就会进入良性循环状态。农产品基地的建设促进了农民收入的增加，保证了第一产业的健康发展，促进了地方经济的增长，更保障了国家建设的有序进行。

八、提高农产品的市场竞争力

"农产品国家品牌"指一个国家的农产品在国际社会的总体形象和认知水平。前些年的"中国制造"问题涉及农产品领域的事件比较多，日本针对中国农产品出口加高了进口门槛，欧盟和美国也采取了措施，利用各种贸易壁垒对中国出口农产品给予限制，中国农产品品牌国际形象受到严重挑战。重新树立中国农产品国际形象，重新定位"中国农产品国家品牌"是我国政府的重要责任。核心竞争力的主要元素，就是构成企业的品牌效应。政府和企业通过品牌建设，强化品牌意识，整合品牌资源和优化资源配置，扩大企业规模，实现农业产业升级。只有将农产品知名品牌打造出来，并形成一定的品牌效应，使企业实力得到强化，农产品形成规模化生产、标准化生产，使产品质量得到保证，才能提升农产品的市场竞争力，促进农产品出口。

农业品牌化是现代农业的重要标志。推进农业品牌化工作，有利于促进农业生产标准化、经营产业化、产品市场化和服务社会化。加快农业增长方式由数量型、粗放型向质量型、效益型转变。

第二章 我国农产品品牌建设存在的问题与对策

第一节 我国农产品品牌建设存在的问题

一、农产品品质及质量安全建设方面存在的问题

(一) 农产品经营企业管理者的质量安全意识普遍低于消费者要求

过硬的品质是农产品品牌的坚实基础,质量安全是农产品品牌具备竞争力的重要保证。农产品从生产到消费要经过诸多环节,特别是经过深加工的农产品经历的环节更多。因此,作为农产品品牌的重要建设主体,农产品经营企业及其管理者对农产品品质及质量安全方面的建设至关重要。农产品经营企业及其管理者应该高度重视从产品生产到消费的每个产业链环节,采取各种有效措施防止农产品出现品质和质量安全问题。然而,国内众多农产品经营企业管理者的质量意识却比较低,普遍低于消费者的预期和要求。产生这一问题的原因主要是农产品经营企业管理人员在农产品品牌建设中对消费者心理研究不够,对当前中国农产品市场中农产品质量事故给消费者带来的伤害认识不足。

(二) 农产品经营企业品牌质量管理机构不健全

品牌管理机构设置是品牌建设成功与否的组织保障;对于农产品而言,农产品品质质量是农产品的重要生命线。企业管理者

不仅要从思想观念上对农产品品牌的品质和质量有足够的重视，而且更应该设立专门的组织机构，布局专业人员对农产品品牌的品质和质量进行管理。然而，在农产品经营企业中，普遍没有设置专业品牌建设机构和专业品牌管理人员；只有少数农业企业设置了兼职的品牌副总经理和品牌副经理；大部分企业重点设置产品销售经理和市场部总经理，主要负责农产品的销售，对品牌建设极其不重视。因此，可以说农产品经营企业的品牌管理是一个薄弱环节，严重影响农产品品牌建设的质量。

（三）农产品经营企业品牌质量标志建设水平仍然较低

农产品品牌质量标志是农产品经营企业在对农产品生产、加工、运输、储藏等环节检查监控的基础上对农产品质量做出的综合评价，农产品品牌质量标志本应该是让消费者减少挑选和交易成本的有效标签和保证。然而，有关调查表明，在被调查的农产品经营企业中，获得无公害农产品标志的占34.7%，获得绿色食品标志的占5.1%，而获得有机农产品标志的只有1%，3项合计占40.8%，不到一半。如果一个企业的产品连无公害标准也达不到，消费者很难给予信任，其品牌建设肯定是低效的，甚至是徒劳的。

（四）普遍没有构建农产品品质保障体系

产品品质是品牌的根本和基础，农产品的"品"不优质，其"牌"就很难立起来和持续下去，品质不过硬的品牌是不能长久的。然而，国内的农产品经营企业除了少数大型龙头农牧企业外，普遍没有构建农产品品质保障体系和农产品质量安全监控体系，这也是国内的农产品及食品行业频频出现各类食品安全事故的原因。"三鹿奶粉"事件是由于其奶源出现问题所致，"瘦肉精"事件是由于其产业链上的生猪饲养环节出现问题，"毒韭菜"事件是由于韭菜种植环节出现问题。

二、品牌产品价格建设方面存在的问题

（一）低价竞争严重，没有凸显品牌农产品的特殊优势

品牌农产品的价格仍然偏低，不能反映品牌农产品的成本与其特殊的市场地位。例如，山东燎原农业科技股份有限公司总经理曾说："虽然看上去绿色蔬菜比普通蔬菜的价格高得不少，但是企业还是常常不能保本，原因是绿色蔬菜的种植成本、检测成本要比普通蔬菜高出得太多。品牌蔬菜的经营，如果没有较高的市场价格，企业难以维系。可市场上既有同类绿色蔬菜厂家的竞争，也有假冒绿色蔬菜厂家的竞争，还有普通蔬菜厂家的竞争，我们的价格实在无法达到预期水平，导致风险大，利润薄。所以，我们只能谨小慎微，战战兢兢地维持经营。"这段话反映了当前普遍存在的品牌农产品市场低价竞争、利润微薄的现状。品牌的创立与品牌推广离不开资金支持，没有足量的利润作支撑品牌建设肯定是困难的。长期如此，对农产品品牌建设肯定不利。

（二）普遍没有建立符合消费者心理需要的调价制度

市场调查发现，在品牌农产品经营过程中，企业的调价机制不够灵活，影响了消费者对农产品的选择预期。消费者认为，农产品随着新鲜度的不断降低，价格应该有所下降。如果新鲜度不高的农产品按照原价销售，会造成品牌的美誉度受损，所以，农产品经营企业需要制定规范的调价机制。如美国市场上的菜、牛奶，上市当天执行最高价格，第二天要按照一定的比例降价销售，这样一来，消费者认为企业是负责任的，企业的责任感是品牌美誉度的重要指标。目前，几乎所有企业都没有建立相关调价机制。在超市中，大部分厂家对于不新鲜的农产品一般采取放在更明显的位置或优先推荐给消费者的方式进行销售。企业的这一做法足以说明，企业对品牌本质的认识仍然处于较低水平，不能够从品牌定位、品牌信用角度理解建立调价机制的重要性。消费

者花同样的钱购买不新鲜的农产品后，就会对这个品牌产生厌恶情绪，必然影响这个品牌的美誉度和信用度的建设。

三、农产品品牌联想度和美誉度建设方面存在的问题

（一）农产品品牌定位不清

定位可区分为市场定位和品牌定位。市场定位是指企业的产品是由哪个目标市场的消费者购买，而品牌定位是指企业的产品品牌在目标市场消费者心目中的位置，给目标消费者留下什么样的品牌形象和总体印象。农产品品牌定位不清晰不仅影响农产品的市场定位，而且，还将直接影响农产品品牌联想。我国农产品品牌具有清晰定位的很少，大部分定位不够清晰和准确。其原因主要是大部分企业对品牌定位方式不够了解，找不到定位的切入点。造成这种情况的原因是多方面的，最主要原因是企业管理者对品牌建设的定位、作用认识不清，对品牌定位的方法没有掌握。

（二）农产品品牌联想知识体系的构建不力

消费者在选购农产品的实践中，主要关注品牌农产品的质量安全、营养健康、性价比、绿色环保等指标。因此，农产品经营企业在宣传推广农产品品牌时，应该重点关注品牌的有形信息、产品相关联信息及品牌知识中不断增进农产品品牌知识的内涵，构建农产品品牌知识体系。然而，在农产品品牌联想建设的实践中，由于企业内部管理混乱、农产品产业链监控不力与企业逐利本性等原因，我国品牌农产品的质量安全事件层出不穷，如"苏丹红""瘦肉精""三聚氰胺""皮鞋明胶"和"二代地沟油"等，这些质量安全事件让广大消费者对我国品牌农产品形成了负面的品牌联想。在农产品品牌的宣传推广中，有些企业不是实实在在地利用科技提高农产品的质量，构建更多真实有效的品牌联想素材，为消费者提供更加营养健康、绿色环保和性价比高的农

产品，而是投以重金进行夸大甚至虚假宣传，提高价格获取短期的高回报。因此，农业企业只有在保证品牌农产品的质量安全、健康营养和绿色环保的基础上，构建更丰富的农产品品牌的联想知识和联想素材，才能有效提升农产品的品牌总资产和提高农产品的品牌竞争力。

(三) 农产品品牌信誉度和美誉度普遍不高

对于农产品而言，品牌信誉度和美誉度的基础是质量安全和健康营养。然而，在我国的农产品市场中，无品牌标志的各类农产品仍然占很大比重；在品牌农产品市场中，很大一部分品牌农产品的质量安全达不到规定要求，健康营养等指标也存在大量的虚假宣传而名不副实，农产品品牌的信誉度不高，导致美誉度也下降，这是消费者在选购农产品时不购买品牌农产品的重要原因。有调查发现，在被调查者中，竟然有75%的消费者对品牌蔬菜的质量标志、地理标志的真假和这些产品的质量安全水平是否符合国家标准不能确定。

四、品牌知名度建设方面存在的问题

(一) 对农产品品牌的作用认识不到位

品牌建设主体，特别是农产品经营企业管理者对农产品品牌的作用认识不到位，是影响知名度的一个重要原因，从思想观念上对品牌的作用认识不够深入，就不能有实质的提升品牌知名度建设的行为。造成这种现象主要有两方面原因：第一是很多农产品经营企业刚从农业作坊中分化出来，在经营观念上还远远落后于工业企业的品牌经营；强化农产品经营企业的品牌意识仍然是未来一段时间农产品品牌建设的重要工作。第二是由于很多企业管理者对品牌内涵、品牌特征及品牌作用的理解还比较肤浅，没有真正意识到品牌化经营在市场经济中的重要性。有的企业管理者虽然认识到品牌在现代农业产业化经营中对农产品的意义和作用，但是由于缺乏专业人才和对品牌化运作的特征、规律不熟悉，在农产品品牌化的实际操作中并没有得到由于品牌化运作而带来的实际利益，从而对此失去信心。

（二）很多企业对消费者和竞争品牌缺乏深入研究

对消费者的特征、兴趣爱好和需求等方面深入研究是准确定位品牌的基础性工作，对消费者缺乏深入研究是众多农产品经营企业在品牌建设中失利的重要原因。由于很多的企业缺乏品牌运行的专业人员和专业知识，同时，在农产品品牌建设实践中生搬硬套工业产品品牌运行的经验，在农产品品牌的目标市场选择中产生偏差，品牌定位不准，最后使得企业的农产品品牌建设达不到预期的效果。

（三）品牌推广中媒体选择结构不合理

一项关于农产品经营企业在品牌推广时媒体选择问题的调查显示，现场促销模式排在第一位，户外广告、行业评选分别排第二位和第三位。另外，公关活动、展览展示、电视广告、网上广告等新型媒体或营销模式也有使用，但采用者较少。说明农产品经营企业在选择广告媒体时，主要是选择广告费用低的种类。

（四）不善于构建品牌联想提升品牌知名度

对于品牌知名度，可通过重复性接触以及与恰当的产品类别或相关购买、刺激线索建立联想，来强化品牌熟悉度，从而建立品牌知名度。建立品牌知名度涉及品牌的基本要素和营销组合要素。如从视觉、听觉强化品牌名，并和其他品牌要素相互补充。设计一个将品牌名和产品类别、购买或消费线索匹配起来的品牌隽语、品牌标志、符号、人物形象或包装等品牌要素，是建立品牌知名度的基础。通过广泛的营销传播活动（如广告、促销、赞助、公共关系等）将品牌与相应的产品类别或其他线索匹配起来，也可以强化品牌知名度。然而，在农产品品牌建设的实践中，由于我国很多企业极其缺乏既懂品牌营销又精通农业现代化规律的复合人才，普遍不太善于借助农业产业链、农产品安全生产保障体系和农产品科技创新等方面积累的知识，构建丰富的农产品品牌联想系统，再借助于各类有效的营销传播活动和传播媒介来有效提高农产品的知名度。

五、品牌建设中的其他问题

（一）初级加工农产品品牌发展慢于深加工农产品品牌

一方面，初加工农产品企业的规模比较小。规模小、品牌效应低和信誉水平不高制约了品牌知名度、美誉度的提升。另一方面，品牌农产品的宣传不到位，企业没有相应的宣传计划和设计。

（二）缺乏专业的品牌建设人才

农产品经营企业缺乏专业的品牌建设人才是制约农产品品牌建设的关键因素。一些企业没有聘用专门的品牌策划与管理人才，也没有聘请专业的品牌策划公司，都是靠自己感觉和认识进行品牌建设。这些企业的管理者缺乏品牌建设的策划管理经验，加上管理者的主要精力都放在成本控制和价格竞争上，很难进行高水平的品牌管理和市场运作，一定程度上制约了农产品品牌建设。

第二节 我国农产品品牌建设的对策与建议

一、加强农产品品牌质量满意度建设

（一）重视农产品质量标志和集体标志的申请

农产品品牌建设之所以必须申请农产品质量标志是因为消费者难以凭借眼观、耳听，甚至口尝来获得农产品质量的准确信息，消费者必须借助政府授权机构对农产品的评价获知农产品质量水平。因此，申请农产品质量标志是农业企业进行农产品品牌建设的必要内容。有时农产品的质量标志或地理标志需要原材料供应者所在的农业行业组织来建设，企业是这一质量标志和集体标志的使用者，在这种情况下的<u>企业</u>，一是要做好对原材料供应地的农业行业协会申报质量标志和集体标志的协助工作；二是要注意依法获得质量标志和集体标志的使用权，以免因经营过程中无授权使用标志，带来法律隐患。

（二）加强农产品加工过程的质量管理

农产品经营企业是农产品加工主体，决定着农产品加工过程的质量安全。企业在农产品的加工过程中，应该强化管理，提高质量水平，保证农产品在加工环节的质量达到消费者要求。管理者在加工过程中要坚持以下管理原则：第一，质量优先原则。质量优先是指在整个加工过程中，每一个环节都要按照企业确定的相应标准进行生产，尤其是对于无公害农产品、绿色食品、有机农产品的加工，要保证加工现场符合要求，同时，要制定意外情况处理预案，以增加生产过程质量达标的把握性。当产量和质量发生冲突时，要坚决以保证质量为决策依据，而不是保产量。第二，制度完善原则。品牌农产品加工是一个复杂性、时间性都很强的过程，没有严格的管理制度将会造成混乱和低效率，制度是实现效率的根本保证，制度也是实现高质量的根本保障。因此，在整个加工过程中的每一个环节都应该明确制定质量安全保证制度和生产管理制度。第三，管理到位原则。在制度完善的前提下，企业管理者还要注重制度的执行和实施过程，以免发生有制度无落实的情况，管理的核心是奖惩分明，制度落实、确定好控制点。控制点是指在加工过程中对管理目标具有决定性作用的环节，这些环节是农产品经营<u>企业</u>管理的重点，也是难点，对控制点的控制措施要细致明确。

(三) 选择适合的物流方式

多数农产品的生物特性决定了农产品对运输方式和贮存方式的特殊需要，企业不能只考虑运输成本，更要考虑农产品储运过程中的质量保证。为了保证物流中的农产品质量，企业在物流管理中应该坚持以下原则：一是物流结构合理化，即物流网点设置或布局合理。物流各个环节之间的比例关系合理；二是物流方式合理化，主要是采用适合农产品保鲜需要的物流方式，例如，保鲜要求高的鲜活海鲜产品，可以采用专用车辆运输，甚至是空运；保鲜要求稍低一点的蔬菜产品可以采用低温专用汽车运输；保鲜要求较低的农产品，如大米、面粉等农产品可以采用隔离效果较好的厢式货车运输。三是物流过程合理化。具体包括：第一，对物流过程中的各个单项活动进行优化管理，如制订最佳的运输计划、确定合理的库存定额等；第二，在单项活动优化管理的基础上，对整个物流系统进行优化管理，包括运用有效的定量分析方法，结合定性分析制定出整个物流系统的最佳运行路线，使整个物流过程通畅、迅速。

二、建立科学合理的定价和调价机制

(一) 建立科学合理的定价机制

目前农产品经营企业的定价机制不够科学，农产品价格的决策在很多企业还是依赖企业管理者拍脑袋决策，这种模式使消费者没有消费安全感，甚至严重影响品牌农产品在消费者心目中的形象。尤其是部分农产品生产企业为了实现销量目标，大打价格战，低价倾销，不但加剧了无序竞争，而且在消费者心目中留下了价低质次的印象。因此，建立科学的定价机制是目前农产品品牌建设中要解决的重要问题。科学制定品牌农产品价格，要了解品牌农产品价格的构成。品牌农产品的价格与普通农产品的价格水平的差别，主要表现在品牌农产品的价格的生产成本大大高于普通农产品生产成本。

（二）制定科学合理的调价机制

为了适应消费者心理需要，品牌农产品经营企业必须建立科学合理的调价机制。调价的依据主要是农产品新鲜程度的变化、供求关系或竞争的需要。

农产品新鲜程度变化导致的价格调整。因品牌农产品新鲜程度变化造成的价格调整是品牌农产品价格调整的经常性措施。因新鲜程度变化造成的调价方法可以分为时间导向和质量导向2种。时间导向是针对农产品质量受时间因素影响大，而受其他因素影响比较小的农产品采取的一种调价措施。质量导向的调价方法是针对其质量变化原因比较复杂，时间对其影响不是最主要要素的农产品质量变化采取的农产品定价措施。因农产品新鲜程度的变化造成的调价的方式主要是主动调价，也就是农业企业按照预先制定的调价机制将上市后的农产品按照时间间隔进行有计划的主动降价，以适应消费者心理需求。

农产品供求关系导致价格调整。农产品的生产周期长，受自然条件影响大，供给数量很难短时间内大幅提高或降低，导致供求不平衡现象时常发生。品牌农产品的价格必须根据供求关系进行及时调整，以取得市场主动权。

农产品竞争关系导致价格调整。农产品生产经营者众多，行业进入门槛很低，竞争也就异常激烈。在激烈的竞争中，农业企业必须根据竞争态势经常性地调整价格以适应竞争的需要。

三、多管齐下，提高农产品品牌美誉度

（一）从农产品品牌的文化入手提升农产品品牌的美誉度

产品是品牌之本，是品牌文化的载体，离开了产品，企业品牌成了无根之木、无水之源，品牌文化无从谈起。农产品的品质特征为农产品品牌文化的建设赋予了先天的可能。企业可以根据产品的特殊自然、地理、人文等特征建设独特的农产品文化。当消费者一旦认同了这种品牌文化，就不会轻易改变，这种根植于品牌文化的认同感的消费者忠诚是维系品牌与消费者关系的重要手段，它能给农产品品牌带来巨大的竞争优势，提高农产品品牌的市场竞争力。农产品所拥有的悠久历史文化和人文色彩，可以使消费者在享用农产品的同时，体验到农产品品牌文化所蕴含的历史和人文气息，从而使该农产品品牌在消费者心目中留下深刻印象。农产品品牌经营者通过科学的市场调研以了解消费者的价值取向，针对消费者的价值取向确定农产品品牌传播的宗旨，并以消费者喜好诉求、传播方式向其传播企业品牌的理念、利益。

（二）明确农产品品牌定位，塑造农产品品牌美誉度

品牌定位是农产品品牌建设的核心内容，是消费者认识品牌的基础。清晰的品牌定位是品牌成功与否的标志，没有制定清晰定位的品牌肯定是失败的品牌建设。如何进行农产品品牌定位是企业管理者需要认真研究的内容。农产品品牌定位时应注意坚持突出农产品特点、明确农产品资源优势、明确目标群体等原则。

（三）塑造农业企业家良好形象，提升农产品品牌的美誉度

企业家形象是品牌的重要组成部分。一部分企业家给消费者的印象是受教育程度低，管理水平不高，信誉程度不好。消费者的这种认知严重影响农产品品牌的建设，农业企业需要塑造一批具有良好形象的企业家，取得消费者的广泛认可。塑造农业企业家良好形象主要做好以下几个方面工作。第一，提高农业企业家的自身文化素养；第二，树立具有社会责任感的农业企业家形象，与企业形象相得益彰；第三，树立强烈的产品质量意识，让优良的产品质量为企业家形象增加光彩；第四，教育和动员全体职工维护企业形象。

四、提升农业企业品牌宣传效率,扩大农产品品牌知名度

(一) 制定和实施正确的广告策略,扩大农产品品牌知名度

企业应该认真研究广告策略的特点,优化广告策略,提高广告效率。农产品生产企业的广告策略包括确定广告目标、选择广告媒体、设计广告内容等三方面。广告设计没有固定的模式,它是一项技术与艺术相结合的工作。然而,广告设计是广告效果的关键因素,总体来讲,设计应突出本企业农产品的特点,有比较好的表现能力。

(二) 实施积极的公共关系策略,争取更多的公众支持

当前,农业企业的公关策略普遍缺乏,影响农产品品牌美誉度的建设。农业企业需要运用公共关系策略,争取更多公众的支持。在农业企业内部,公关部门需要沟通协调决策者与各职能部门之间或介于职能部门与基层人员之间的关系;在农业企业外部,公关部门需要沟通或协调企业与公众的关系。农业企业公共关系主要做好以下工作。

1. 宣传性公关

运用报纸、杂志、广播、电视等各种传播媒介,采用撰写新闻稿、演讲稿、报告等形式,向社会各界传播农业企业有关信息,以形成有利的社会舆论,创造良好气氛的活动。这种方式传播面广,推广农业企业形象效果较好。

2. 征询性公关

这种公关方式主要是通过开办各种咨询业务、制订调查问卷、进行民意测验、设立热线电话、聘请兼职信息人员、举办信息交流会等各种形式,连续不断地努力,逐步形成效果良好的信息网络,再将获取的信息进行分析研究,为农业企业经营管理决策提供依据。

3. 交际性公关

交际性公关是通过语言、文字的沟通，为企业广结良缘，巩固传播效果。可采用宴会、座谈会、招待会、谈判、专访、慰问、电话、信函等形式。交际性公关具有直接、灵活、亲密、富有人情味等特点，能深化交往层次。

4. 服务性公关

服务性公关就是通过各种实惠性服务，以行动去获取公众的了解、信任和好评，以实现既有利于促销又有利于树立和维护企业形象与声誉的活动。

5. 社会性公关

社会性公关是通过赞助文化、教育、体育、卫生等事业，支持社区福利事业，参与国家、社区重大社会活动等形式来塑造企业的社会形象，提高农业企业的社会知名度和美誉度的活动。这种公关方式，公益性强，影响力大，但成本较高，农业企业应该量力而行。

第三章 农产品与农产品品牌建设的关系

第一节 农业标准化与农产品品牌建设

一、农业标准化与农产品品牌建设关系

农业标准化是我国农村生产力发展的内在要求，它能够克服传统农业经济的盲目性和随意性，将市场对农产品的具体需求量化为农民可操作的标准，发挥出区域优势和规模优势，生产出"优质、高效、低耗"的农产品，促进农产品的名牌战略进程，这是当前乃至今后农村经济政策和发展的重大课题。随着人均收入的提高，人们的温饱问题已基本解决，对食品的质量安全也提出了更高的要求，消费者不仅要求农产品无污染，而且要求高营养。我国加入世贸组织后，不少农产品在走向国际市场时遭遇经济发达国家的贸易技术壁垒，大力发展农产品品牌的呼声越来越高。要提高农业效益，增加农民收入，满足人民健康安全要求，就要从农业标准化基础工作抓起，克服传统农业经济的盲目性、随意性，从普及推广优良品种种植养殖技术，到农产品加工质量安全卫生检验检疫、包装贮运以及生产资料的供应和技术服务等环节实施标准化管理，把农业产前、产中、产后全过程纳入标准化轨道，才能加快农业从粗放经营向集约化经营的转变，实现从农田到餐桌全过程质量控制，提高农产品的质量安全，打造优质

农产品品牌。

农业标准化是运用"统一、简化、协调、选优"的原则，通过制定和实施标准，用标准指导生产，促进农业科技成果的转化与普及。农业标准化是提升农产品质量安全水平的技术基础，是加强农产品品牌建设，提升农产品市场竞争力的重要手段，是实现农业综合效益最大化的有效载体。随着农业经济结构的调整和农业经济的发展，人们更加重视农产品品牌效益和品牌质量，没有农业标准化就没有农产品品牌建设的基础，新的发展形势赋予了农业标准化和农产品品牌建设新的内容。

(一) 农业标准化是农产品品牌的基础

农产品品牌是一个地区农业综合实力的体现，是农产品质量、品质、价值的象征，是农业标准化、产业化高度发展的产物。农业标准化为农产品品牌质量加强了过程控制。在产地选择上，确定了农田大气、土壤及灌溉用水等各项指标的环境质量标准，要求周边无污染源；在生产环节上，确定了从良种选用到栽培方式、新技术应用、基础设施、节水灌溉、农机作业等方面的生产技术操作规程；在投入品的使用上，确定了从使用肥药种类、剂量、次数、时间、方法等使用准则；在质量管理上，制定了技术培训、产品检测、标志管理、生产记录、建立档案等可追溯措施。并从产品的收获、加工、包装、贮运、销售确定了各类规定，真正体现了农产品"从土地到餐桌"全程质量控制，从而实行产地环境、综合整地标准、农田建设、生产技术、农资使用、田间管理、收获储运、产品加工、商品包装、过程记载标准化，保障了农产品质量安全的实施过程，为农产品品牌建设提供了操作性强的具体标准。

(二) 农业标准化为农产品品牌建设提供了示范载体

品牌就是质量的象征，影响农产品质量的因素主要有3个方面：一是工业"三废"造成的土壤污染，直接导致有害物质在农产品中聚积；二是农业生产中化学肥料、化学农药等化学产品的使用增多，有害化学物质残留在农产品中，使农产品质量下降；三是食品加工、贮运过程中超标使用化学添加剂和不符合食品要求的包装物等，造成二次污染。近年来，我国全面推进农业标准化示范区建设，大力发展地标产品、有机食品、绿色食品和无公害农产品，建立有机、绿色、无公害示范基地，强化基地环境建设，使用先进生产技术，严格控制投入品使用，科学实施技术操作规程，指导农户和企业进行标准化生产，通过标准化示范，为农产品品牌建设提供了载体。

（三）农业标准化为农产品品牌建设提供了政策保障

无公害农产品、绿色食品、有机食品和农产品地理标志（简称"三品一标"）等农产品品牌，既是农产品的质量标志，也是实施农业标准化的有效成果。目前，我国已初步构建了以农业国家和行业标准为主体、地方标准为基础、企业标准为补充的农业标准体系，形成了以科研、教学、技术推广、质检、管理、生产、经营企业相衔接的工作机制，建立了以技术培训为主、试验示范为辅、信息网络为补充的服务体系，强化了以政府职能为主、多元投入为辅、职能部门协调配合的保障机制，为农业标准化的实施奠定了坚实的基础。我国的农业生产从实际出发，确立了农产品质量安全管理、质量安全标准的强制实施、产地管理、包装和标识管理、质量安全监督检查、质量安全风险分析评估、质量安全信息发布和对质量安全违法行为的责任追究制度等七大保障农产品质量安全的基本制度，各地也陆续出台了推进农业标准化的意见，为推进农产品品牌建设提供了政策保障。

二、实施农业标准化，助推农产品品牌建设

农产品品牌具有较高的社会经济效益，用标准化手段助推农

产品品牌建设应突出抓好以下重点工作。

(一) 加快农业标准化实施力度

一是加强地方标准制订工作。各地要结合特定的自然条件、生产条件和经济条件，以当地特色主导产品为重点，制订农业地方标准的内容应从原来的产品指标、栽培技术延伸到产品质量、加工、贮藏、包装、标识等产前、产中、产后各个环节，健全农业标准体系。二是积极采用国际标准。引进国际国外先进的农业生产技术，积极采用国际国外先进标准，提升农业标准水平，促进农业技术进步，改善经营管理，提高产品质量和经济效益，建立起与国际标准和国外先进标准水平相当、协调一致，既适合我国国情，又突出技术先进的农业标准体系。三是加大科研技术向标准转化。各级政府、农业行业组织和科研院所等单位要加强协调沟通，加大品牌农产品的科研投入，将先进科研技术纳入农业种植技术标准之中，及时淘汰落后失效标准，确保农业产品品牌始终有高质量的标准体系做支撑。四是大力实施农业标准化。采用多渠道、多形式的宣传手段，大力宣传标准化在农业中的作用，增强生产者、经营者和消费者的标准化助推农产品品牌建设的意识，自觉开展农业标准化示范，不断扩大推广标准实施范围。

(二) 提升农业产业化水平

推进农业标准化、提升农产品质量、推进品牌创建的目的是提升农业综合经济效益。例如，农产品地理标志产品创建、驰名商标注册、有机产品认证等品牌创建，必须用工业标准化工作模式促进农业标准化，促进农业的商品化、批量化、规模化、集约化，最终提高产出率和经济效益。发展农业产业化必须以标准的形式推广农业科技成果，对农业生产全过程实行标准化管理和监测。通过推进农业标准化，把农业的产前、产中、产后全过程纳入标准化管理轨道，带动各种生产要素的优化组合,促进农业生产的区域化布局和专业化生产,形成种养加、产供销、贸工农、农科教等一体化经营,不断提升产业化水平。

(三) 整合农业标准化力量

标准化涉及标准的制订与实施、生产过程的管理与监督、产品市场的建立与规范等方方面面的工作,需要投入大量人力、财力、物力。各级政府要起好牵头作用,整合部门力量,发挥经济合作组织的协调配合作用,全面调动农民参与积极性。要在财政预算中设立农业标准化固定经费,保证农业标准化工作经费落实到位,专款专用。要建立农业标准化推广应用工作奖励办法,对第一线从事农业标准化工作的农技人员、标准化人员评先评优,评定职称等作出政策规定,鼓励和调动他们投身农业标准化工作的热情。各部门要加强协调配合,在标准制订、标准实施、监督、管理等方面优势互补,充分履行标准化法律法规赋予的职能职责,全力推进农业标准化工作,提升农产品质量安全水平。

(四) 狠抓农产品品牌质量

各级政府要肩负起当地品牌农产品的监督管理责任,从"保质、保量"入手,制订本区域内的品牌发展及管理办法,使农产品在生产技术、包装销售等各环节都有章可循、有标可依。要引进龙头企业加强对品牌农产品从生产到销售全过程的统筹,有效利用土地流转等手段,形成品牌农产品由龙头企业"统一生产、统一包装、统一收购、统一销售"的产业链条,避免生产销售各自为政、个别散户贱卖产品、以次充好等现象发生,有效规范品牌农产品市场秩序,确保品牌质量。要充分挖掘品牌农产品的文化底蕴,将质量特色、地区文化纳入品牌农产品本质内容,不断延伸品牌产业链,促进区域经济发展。

三、农业标准化与农产品品牌建设案例

平凉苹果：品牌战略主导全国苹果价格

改革开放40年不但让平凉人吃上了"红富士"苹果，而且培育出了属于自己品牌的苹果和"红富士"苹果系列苗木。现在，苹果不再是平凉人的盘中餐，而是助力小康平凉建设的生力军，走出了一条由规模扩张向质量效益、由粗放经营向集约发展、由低效产业培育向高效市场对接转变，由苹果大市向苹果强市、绿色果品向有机果品、传统果业向现代果业跨越发展的道路推进。"价格一年比一年好，果农的收入和生活是越来越好，与苹果相关的产业链也是不断延伸。"这是平凉苹果产业发展的真实情况。

在改革开放最初的8年间，平凉市顺应农村改革开放大潮而动，要让吃饱了肚子的农民群众，过上有钱花的日子，提出了围绕发展一乡一业、一村一品，大搞多种经营，发展商品经济的农村改革思路。各县依托资源优势，提出了全市建设粮食、畜牧、果品、瓜菜、烤烟、油料六大基地。其中，果品基地以崆峒、泾川2县的泾河流域为重点，抓点示范，辐射带动。这2县有着传统栽植果树的历史，尤其崆峒区柳湖镇种植的"元帅"苹果，在20世纪60年代，因全国劳模郭天顺带着一篮子柳湖大队生产的"红元帅"苹果献给毛主席而出名。

由于平凉市栽植果树区域比较分散，规模面积小，树种比较杂乱，苹果、梨、桃、杏、核桃等果品虽然齐全，形不成规模，成不了气候，全市果园面积不到20万亩。在苹果产业起步发展阶段，起步早、发展快的泾川县，通过各级政府大力推动，农民群众认识明确，技术人员服务到位，推动苹果产业在全县上台阶、上规模。当时的县委主要领导亲自拿着一把剪刀，剪开了全

县果品发展的一片新天地。为此,泾川县还召开了首届赛果赛园大会,评选出了一批果树致富能手,县委、县政府领导亲自颁发奖牌和奖金。在政府强有力的行政推动下,2009年,泾川县的果品种植面积达到了29.88万亩(15亩=1公顷。全书同),其中,挂果果园12.5万亩,农民人均占有果园0.9亩,产量23.2万多吨,走在了全市果园建设的前列。与此同时,泾川县还在全市率先注册了"泾龙"牌商标,同时,让泾川苹果走出国门销售到了东南亚地区。

泾川县窑店镇公主村是全县发展果园和种植红富士苹果最早的村,果农陈宽余通过学习果园管理技术,实施标准化果园管理。2009年,陈宽余家果园亩均收入达到8 000元,这在当年可是一个了不起的收入,在全县都叫得响。通过种植苹果树,陈宽余家过去紧巴巴的生活,不仅过上了吃饱肚子、有钱花的宽裕生活,而且搬进新房子、买上农用车的富裕生活。

20世纪90年代,平凉市林果产业顺势而上,进入了一个大发展、上台阶的关键时期。国家级贫困县静宁在集中优势发展农村产业中,厚积薄发,奋起直追,静宁在全县适用于种植苹果产业的南部山区,大面积种植具有市场潜力的红富士苹果。同时,积极推进龙头企业与果农的有效联结模式和利益共享机制,引导加工龙头企业把果农和果树作为"第一生产车间",探索和推行了"公司+协会+农户""公司+专业合作组织+农户"和"公司化经营+批发市场+农户"等发展模式。这些果品产业发展新模式,不仅符合农业产业化经营的内在要求,而且给农业产业化经营带来了内生动力,为全市林果产业化发展打开了一个全新的视野。

平凉市委、市政府抓住机遇,开拓市场不失时机地引导农民奔小康。通过区域化布局、规模化发展、整村整乡推进,集中规模建园。到20世纪90年代中期,平凉市以苹果为主的果树经济

第三章 农产品与农产品品牌建设的关系

林面积发展到了50多万亩,品种以红富士当家,先后建成了静宁仁大、崆峒区四十铺、柳湖等一批果业重点乡镇。

这一时期,平凉市林果业更是顺势而上,打开新视野,拉长产业链。走在苹果发展潮头的静宁、泾川、庄浪3县办起了果品贮藏加工企业和农村各类经济组织,建成了果袋、果箱、发泡网、果品贮藏、果汁加工等一批涉果企业,涌现出了静宁县的常继锋、杜进,庄浪县的万乔娃等一批产业领军人物,不少外地民营企业闻"果"而动,在产果区办企业、建宾馆、开酒店,撑起了农村小镇新气象。

静宁县李店镇常坪村曾是静宁县最贫困的村,这里山大沟深,土地瘠薄,农民长期靠天吃饭。1999年起,随着苹果树的大面积种植和农村道路的修建,苹果收益越来越好。2000年,客商来地头收购苹果,每500克最高达到了13元。现在村民靠苹果产业,全村80%的人家都住上了新房子,一半人家买上了小汽车,家家户户有了农用车。李店镇党委书记土国平说,近年来,李店镇靠果品改变了农民群众的生活,又靠果品带动了第三产业发展。40年来,平凉林果业从一棵小树,长大成了参天大树,硕果累累。平凉金果成了全国知名品牌,静宁苹果更是声名远扬,漂洋过海,已经销售到了欧盟高端市场。静宁苹果已连续多年主导着全国苹果市场的价格。

平凉林果产业在一系列的变革中,不仅打出了一张张好牌,而且在全国拿出了7张闪亮名片。近10年来,平凉市以建设全国优质果品生产基地和出口创汇基地为目标,大力实施适宜区全覆盖战略,以每年近20万亩的速度扩张规模,全力推行标准化管理,单园、单树、单果管理。同时,苹果还搭上了互联网的快车,消费者通过扫描在苹果上的二维码,质量安全随时可查询、可追溯。在静宁县余湾乡红六福的果园里,消费者可以通过互联网实时监测果园管理情况。

在大力实施品牌战略中，平凉市委、市政府主要领导带队，组团把大山里的苹果卖到了北京、上海、深圳、成都以及浙江等大中城市和沿海地区，让世界了解平凉，让平凉苹果走向世界。同时，全市利用"互联网+"，通过线上线下销售，让全国的消费者足不出户，就吃到平凉苹果，让苹果的销售半径大一些，再大一些。

40年，果产业枝繁叶茂；40年，果农靠果脱贫致富；40年，小果成就大市场。平凉市市长王奋彦坦言："40年来，平凉市委、市政府以造福民生为己任，在中国黄土层最深厚、水土流失最严重的陇东平凉，生产出了中国最好的苹果，全市的苹果面积达到了256万亩，小小的苹果使20万农家子弟圆了大学梦，70万贫困人口实现稳定脱贫"。

第二节　农产品质量安全与农产品品牌建设

一、农产品质量安全与农产品品牌建设

农产品品牌是指农产品的生产经营者结合当地的自然元素、经济因素、社会因素以及文化因素的优势资源进行分析整合，对农产品进行包装，使当地的农产品具有与其他地区农产品区别开来的个性特征，并且具有与产品特色及文化内涵相适应的产品名称与标志。

（一）农业供给侧改革对农产品品牌建设与质量安全提升的要求

推进农业供给侧结构性改革，要调优产品结构，调新产业结构，调绿生产方式，调顺政府市场关系。对接人们对于绿色、安全、放心、优质、多元、高端农产品和食品的需求，实施农业品

牌化战略，提升农产品质量安全，是上述"四个调"的基本要求和重要内容。中央经济工作会议、中央农村工作会议、中央一号文件、农业部一号文件，特别是习近平总书记、汪洋副总理的讲话，都对农业品牌建设和质量安全提升做了精辟论述，农业部还将2017年作为"农业品牌推进年"，凸显了中央和农业部对农业品牌建设的重视。

1. **实施农产品品牌战略，是顺应市场需求变化和资源禀赋优势，调优产品结构的改革需要**

只有以需求为导向，农业发展才能获得真正的生命力；只有对接资源禀赋优势，农业发展才能获得可持续能力。因此，要顺应市场需求变化，消除无效供给，增加有效供给，减少低端供给，拓展中高端供给，追求形成与市场需求相适应、与资源禀赋相匹配的现代农业生产结构和区域布局，提高农业综合效益。实施农产品品牌战略，能够倒逼生产结构调优。调优产品结构，就会增加适销对路农产品供给，提升农产品的品质和附加值，提升农产品质量安全水平。调优区域结构，就会把区域资源优势转变为产品优势、产业优势、品牌优势和竞争优势，让区域特征更加凸显、区域品牌更加响亮。

2. **实施农产品品牌战略，是提升资源要素配置效率和推进三产融合，调新产业结构的改革需要**

产业结构是农业内生发展动力和农业农村发展新动能的重要载体，产业结构合理与否、优化与否，至关重要。调新产业结构，就是要着力发展农村新产业新业态，促进三产深度融合，实现农业的全环节升级、全链条升值。实施农产品品牌战略，能够倒逼产业结构调优。从纵向来看，不仅会倒逼其着眼于涉及田间地头和初级产品的生产领域，还会着眼于加工、储运、销售等领域的全产业链条、全产业领域；从横向来看，不仅会倒逼其着眼于满足人们对于一般农产品的需求，还会着眼于满足人们对于优质化、多样化、个性化农产品的需求以及人们对于生态性、安全性、体验性、服务性、康养性农业功能的需求。

3. 实施农产品品牌战略,是着力农业绿色、生态、循环发展,调绿生产方式的改革需要

适应产业结构升级的需要,就要补齐生产方式短板,致力于绿色、生态、循环发展。人们对于绿色、安全的需求,决定了绿色发展在此次改革中的迫切性和突出性,可以说,"绿"字的成功与否决定了此次改革的成败与否。实施农产品品牌战略,能够倒逼绿色发展,在生态环境改善的基础上,着眼于绿色发展导向和农村增绿目标这一理念的强化,进一步强调由过度依赖资源消耗向追求绿色、生态、可持续发展转变;着眼于绿色生产方式的推行,进一步强化产地环境保护、源头治理和化肥农药零增长行动;着眼于农业生产规范的推行,进一步加大面源污染治理、节水工程实施和农业生态突出问题的综合治理。

4. 实施农产品品牌战略,是实施农业标准化、信息化、品牌化战略,调好质量安全体系的改革需要

适应消费结构升级的需要,就要补齐质量短板,致力于质量兴农。人们对于绿色、安全、放心农产品和食品的需求,决定了农产品质量安全和食品安全的极端重要性。实施农产品品牌战略,能够倒逼质量兴农,在统合生态环境改善和农产品质量提升的基础上,着眼于标准化战略的实施,进一步完善与国际接轨的、贯穿全过程的质量标准体系建设;着眼于品牌化战略的实施,进一步强调品牌的优质优价和正向激励作用,强化农产品品牌的培育与保护;着眼于信息化战略实施和产品追溯体系的建立健全,进一步压实农产品质量和食品安全属地管理的责任,织密织牢农产品质量安全监管的追溯网络。

(二) 农产品品牌建设促进质量安全提升的理论机理

农业品牌战略和农产品品牌建设贯穿于生产结构、产业结构、生产方式、质量体系调整的全过程，贯穿于农业供给侧结构性改革的全过程，可以说，农产品品牌建设，既是农业供给侧结构性改革的内在要求，也是改革途径和改革任务。事实上，农产品品牌建设及其质量安全提升之间存在互促互进的关系。农产品品牌建设能够促进质量安全提升；反过来，农产品质量安全提升能够进一步促进品牌战略实施。

1. 农产品品牌及其建设主体与角色功能

品牌是能够给拥有者带来溢价、产生增值的一种无形资产，它的载体是用以和其他竞争者的产品或劳务相区分的名称、属性、象征、记号或设计及其组合，增值的源泉来自在消费者心智中形成的关于其载体的印象。农产品质量是指能够满足农产品消费者需要所具备的特征、功能等自然属性的总和，其主要内容由农产品的安全水平、特色水平、外观形象、口感等组成。因此，农产品品牌是指附着在农产品上的某些独特的标记符号，代表了拥有者与消费者之间的关系性契约，向消费者传达农产品信息集合和承诺。农产品品牌由质量标志、种质标志、集体标志和狭义农产品品牌即农业企业申请注册的企业产品品牌构成，农产品品牌表现形式的多样性、农产品品牌效应的外部性和农产品品牌形象的脆弱性，是品牌的重要特征。

农产品品牌建设是指农产品品牌建设主体对品牌进行的规划、创立、培育、扩张等行为过程。由于农产品品牌既包括狭义的农业企业产品品牌，也包括质量标志、集体标志等要素，所以，农产品品牌建设主体包括建设主体和参与主体两部分。建设主体是指直接从事农产品品牌建设的农业企业，是农产品品牌建设中最主要和最基本的主体；参与主体是指参与并影响农产品品牌建设行为的主体，包括政府、农业行业组织和农户。

各类主体在农产品品牌建设中承担各异的角色和发挥不同功能。农业企业是农产品品牌建设的组织者、实施者、创造者、获益者和主力军,它集品牌定位、质量控制、价格决定、标志申报、文化定位、品牌注册、品牌传播的功能于一体,在农产品品牌建设中起着决定性作用。政府是农产品品牌建设的推动者、组织者和引导者,是品牌农产品质量标准化体系的制定主体,是农产品品牌建设的倡导主体、科技投入主体、服务主体、注册管理主体、评价监督主体和保护主体,是农业国家品牌与农产品品牌国际化的最重要实施主体和支持主体。农业行业组织是联结政府、企业和消费者的桥梁和纽带,是农产品集体品牌的申报和管理主体,其职能主要是实施集体品牌的申报与管理;发挥其人才资源、桥梁资源优势和消费者的信任优势等支持行业内农业企业的品牌建设;帮助行业内农业企业进行市场开拓,加强行业自律维护品牌农产品经营企业的利益等。农户是品牌农产品原材料的提供者、初级农产品质量安全的决定者和潜在受益者。农户是经济利益主体,其行为符合经济行为主体的一般特征,当经济利益和农产品质量安全发生冲突时,在没有外在道德和法律的约束下,农户往往会选择经济利益放弃质量安全。

在农产品品牌建设中,农业企业、政府、农业行业组织和农户之间是竞争合作关系。为了提高农产品品牌建设水平和效率,各农产品品牌建设主体应加强合作和沟通。

2. 农产品品牌促进质量安全提升的内在机理

根据农产品品牌及其建设的内涵,农产品品牌体现的核心要素是农产品质量。农业企业是实施农业品牌化战略的建设主体和核心载体。在市场上,企业的厂房、设备等有形资产,都可以被看做成本,唯一的资产就是声誉。市场记录每一个参与人的所作所为,积累成该参与人的声誉,正是这种声誉机制使得诚实成为最好的商业政策。当一个企业专业化于某个特定领域的时候,它需要付出巨大的沉没成本，这意味着做一锤子买卖通常不是最好的选择。要在市场上持续生存下去，它必须抵挡利用信息不对称骗人的诱惑，建立一个诚实可信的声誉。当农产品市场价格和生产组织的声誉相关，而声誉取决于它所提供的产品质量时，生产者为获得较高的收益会减少机会主义行为取向，提高农产品质量。声誉机制的外在表现形式之一便是品牌。品牌是企业在市场上积累的声誉。品牌的价值来自信息不对称。品牌企业是市场的总承包商，它对所有上游环节的生产者承担连带责任，代替消费者监督所有上游生产者。因此，品牌可以发挥优质优价和正向激励作用，达到消费者、生产者、政府的多赢效果，实现农业增效、农民增收、农村增绿多赢的三元目标。

3. 农产品品牌对不同主体保障质量安全的正向激励

农产品品牌通过优质优价和降低成本的正向激励的动机作用，吸引涉及品牌建设的各类主体积极开展安全生产行为，保障农产品质量安全。

（1）农产品品牌通过优质优价机制激励农业企业和农户进行安全生产。对农业企业而言，其一，品牌承载着生产者对消费者的承诺，品牌就是信誉和信任，品牌代表了质量安全和消费健康，因此，农产品品牌能够降低农业企业的产品推介成本；其二，品牌在解决了农产品市场的逆向选择后，能在优质优价、即价格高于均衡价格的情况下，直接增加消费者的有效需求，为生产者带来超额利润，增加企业利润；其三，品牌建设成功的企业在凝聚了一部分忠诚的"回头客"的同时，又不断地吸引着新的消费者，越来越多的消费者带来越来越多的销售收入和利润增加，实现企业的"增长"。品牌的实质是信用，一个企业通过品牌向消费者展示自己企业的信用，通过扩大品牌知名度来宣传扩大自己企业的声誉，从而吸引越来越多的消费者上述三重因素良性循环，促进企业永续发展。

对农户而言，其一，农户是初级农产品的提供者，生产企业所需要的优质初级农产品的提供，必然带来优价的效果，优质优价的正向激励作用下，农户收入就会增加；其二，在农产品品牌制度的约束下，农户的生产经营行为必然倾向于规范和安全，农户的投入水平和科技水平必然也会大幅提高，其生产经营收入也会随之大幅增加，农户的生产经营就会进入良性循环状，随着时间的推移，这会逐渐变成农民的自觉意识，科学、安全生产并提高产品质量会成为农户的自觉行为，其经营能力变得可持续、可发展。

（2）农产品品牌通过降低选择成本和管理成本的机制激励消费者和政府支持安全生产。农产品消费者的购买行为可划分为5个基本环节，即农产品需求产生、信息收集、备选集建立、优选决策、实施购买，其中，花费成本最多的是信息收集和优选决策环节。对消费者而言，其一，消费者利用承载了承诺和信誉的品牌进行信息收集，将会大大地降低成本和提高效率；其二，品牌集合了农产品的特定利益点，消费者直接根据品牌所代表的特定利益点即可进行择优决策，节约选择成本；其三，农产品品牌承载了带有生产者承诺的关于产品的大量相对固定的信息，可消除消费者关于该产品质量、功能、特点等信息的不对称问题，消除消费市场的逆向选择现象。

对政府而言，其一，农产品质量安全体系、安全管理体制和法律法规体系的建设，必然会导致政府管理机构增多、管理成本增加，而企业自觉保护品牌、保证产品质量的做法，会减少政府监管成本，提高管理效率；其二，品牌具有外部性和公共产品的特征，农产品品牌建设在实现农业企业目标的同时，也能实现政府目标，包括提升农产品质量安全水平、保障消费者健康、增加农民收入、提高农业整体发展水平；其三，成功实施农产品品牌战略能够有效提高农业企业提供优质产品的自觉性和积极性，提高出口农产品质量水平,进而提升中国政府在农产品质量管理方面的国际形象和中国"农产品国家品牌"的国际地位。

(三) 推进农产品品牌建设与质量安全提升的基本路径

基于农产品品牌建设与质量安全提升的内在机理关系,可在统合两者的基础上,以建设主体为根本,以科技支撑为关键,以特色优势为基础,统合两者的发展与提升,"把没有品牌的变成有品牌,把有品牌的变成大品牌,把大品牌变成强势品牌",进而提升农产品质量安全水平,满足消费转型升级的需求和农业发展转型升级的需求,实现质量兴农目标。

1. **主体是根本,以问题为导向,确认利益相关主体的角色和努力方向**

利益相关主体的基本角色功能是明确的,但对此也要处理好长期与短期的关系,要随着实践和政策变化适时地做动态性的调整,突出各类主体的优势,明确某阶段内各类主体的努力方向和重点任务。在深入推进农业供给侧结构性改革的背景下,基于当前实践中存在的问题,农业企业要明确农产品品牌定位,主动把品牌战略贯穿到农产品生产、加工、流通、营销各环节,不断在技术创新、内部管理、市场竞争上下功夫,加强农产品加工过程的质量管理,建立科学合理的定价和调价机制,塑造品牌信用度和企业家良好形象,制定和实施正确的广告策略,扩大农产品品牌知名度,积淀潜在品牌创建能力。政府应当通过整合资源,运用政府公信力和权威性,借助政策引导、资源调控、管理服务等手段,发挥宣传推介、制度安排、政策扶持和环境建设的核心作用,进一步加强农产品质量标准体系建设,增加农产品品牌建设财政投入,加大对农业企业的扶持力度,理顺政府农产品品牌管理体制,提升农产品品牌认知的公信力,做好农产品品牌保护工作,为农业品牌建设保驾护航。农业行业协会要在不断提高公信力、强化自我监督和行业自律的同时,进一步强化对品牌建设的服务、协调、保护和管理职能。对于农户而言，应该在加大宣传和培训力度的基础上，提高其农产品质量安全意识和能力，增强农民的组织化、市场化和社会化程度，完善农产品生产供应体系，改进监管制度、提高监管效率、加大执法力度、提高违法成本。

2. 科技是关键，依托科技结构调整，走稳科技化、信息化、标准化的支撑之路

在品种和品质结构上更符合市场细分、市场分层的需要，获得最大效益。科技化是品牌建设的关键，科技含量的高低是农产品间的最大区别，是体现农产品品牌价值的关键，要把科技成果转化为现实的生产力，把现代农业发展的最新成果转化为市场的实际产品，取得经济、社会和生态的最佳效益，达到高产、优质、高效的目的。信息化是品牌建设的基础，要依托信息体系建设，建立绿色安全清洁的生产规程和管理流程，建立基于互联网技术的全程可追溯体系，强化农产品质量安全规范和体系建设，提高农产品质量安全水平，为品牌建设提供必不可少的支撑体系。标准化也是品牌建设的基础，要更加重视生产的规范化、包装的规格化、流通的有序化和品质的标准化，要更加依赖市场信息调整生产标准和技术规程。

3. 特色是基础，立足特色优势、区位优势、市场优势，打造融复合优势于一体的吸睛品牌

特色化是品牌建设的基础，要充分挖掘和发挥农产品自身蕴藏的经济、社会、文化、生态价值，形成市场竞争的独特优势，凸显农产品的独特性，在"特"字上下功夫，使品牌农产品成为现代农业发展的一个标志、中国或区域制造的一个符号。区位优势是品牌建设的依托，在"化"的过程中，每个地方、每个企业、每个产业都可根据自身基础和区域特色，选择不尽相同的发展路径，打造出体现区域自然、地理、人文等复合优势集一体

第三章 农产品与农产品品牌建设的关系

的农业品牌。市场优势是品牌建设的根本,要以消费者为中心,以市场需求为导向,以提高消费者忠诚度为目标,把满足消费者需求和赢得消费者的满意作为出发点和落脚点,根据各地的人口特点,确定不同类别的目标市场,并在此基础上统合大众市场和小众市场,统合细分市场和差异市场,发挥农业品牌的最大发展优势,让消费者获得更多实惠和享受塑造农业品牌。

农业品牌化是一个长期过程,要在实践中不断探索,在探索中深化认识,在认识深化的基础上不断创新,以此良性循环,逐渐实现品牌建设目标。为此,要有坚守国家标准、行业标准、环境标准和行业规范的底线思维,要有"十年磨一剑"和精益求精的工匠精神,要有打造"百年老店"的专业情怀,要有时刻做好应对危机的危机意识,让安全、优质、健康成为农产品品牌最明显的特征、最闪亮的名片、最有潜力的市场金牌,使农产品品牌成为农业增效、农民增收、农村增绿的务实举措。

二、农产品质量安全与农产品品牌建设案例

"灵宝苹果"何以稳坐全国县级果品品牌冠位?

纵观整个农业品牌化的大进程,果品可以说是品牌竞争最为白热化的品类之一。若再要细分,苹果则绝对属于竞争激烈的果品之一。烟台苹果、洛川苹果、栖霞苹果、阿克苏苹果、灵宝苹果,等等,地区之间你追我赶,竞争激烈。在这一战局中,"灵宝苹果"一直稳居全国县级果品品牌冠位。2013 年,河南省三门峡市所辖的灵宝市,启动实施了由浙江大学 CARD 中国农业品牌研究中心编制的品牌战略规划。那么,当地是如何落地运行的?

1. 2012 年的"灵宝苹果"

时针回拨至 2012 年,让我们首先来了解一下灵宝与灵宝苹

果。灵宝市位于秦晋豫3省交界处的河南省西部,南依秦岭,北濒黄河,由于境内的函谷关形成了一道天然屏障,这里是古代通洛阳、达长安、连京都、接帝畿的要冲,为历代兵家必争之地。灵宝市地处全国两大苹果最佳适生区之一的黄土高原优质苹果生产带的东端,这里气候温和,四季分明。从1921年引进种植,灵宝市果农已积累了近百年的栽培经验。到了2012年,苹果种植面积在灵宝市已达到90万亩,年产量120万吨,产值超过27亿元,成为当地农业的支柱产业。

尽管经过几十年的精耕细作,灵宝苹果效益喜人,但从内部经营现状来看,其短板也十分明显:90万亩的规模,已接近上限;财政支持有限,果农投入相对不足;产品精品意识不强,优果率不高;生产组织小而散,销售组织小而单,加工产能丰盈,但原料果却不足;缺乏大型交易市场和配送中心,多数苹果走"大路货""地摊货";品牌上,虽小有名气,但管理机制亟待完善。不仅"内有忧",而且"外有患"。在整个苹果产业的外部竞争格局中,省际品牌竞争日渐白热化,山东苹果精耕细作,陕西苹果异军突起,甘肃苹果奋起直追,新疆苹果崭露头角……面对这些体量巨大的省级竞争对手,灵宝苹果纵使坐拥近百年历史,也难以以一县之力与之抗衡。面对新形势,如何突出重围?2012年,灵宝市找到了浙江大学CARD中国农业品牌研究中心,委托其进行品牌战略的重新规划。课题组细致研究后认为,灵宝苹果品牌战略的核心在于建立可与各省级品牌对等竞争的"大牌",从而在长远的发展中立于品牌竞争的战略制高点。因此,灵宝苹果品牌的战略选择应该是"重塑大牌",即放大独特基因,参与全国竞争,品牌提升效益。

2. 落地运行大解剖

在浙大团队完成品牌战略规划后不久,2013年6月,灵宝便召开苹果品牌建设动员大会,出台《灵宝苹果品牌建设实施意见》,加快了灵宝苹果品牌建设步伐。值得一提的是,在品牌协同管理机制上,灵宝市成立灵宝苹果品牌建设领导小组,由市长亲自挂帅,四大班子主管领导具体抓,市直有关单位和各乡镇共同参与,定期研究品牌建设事宜,协调推进品牌建设工作。另外,有关乡镇和村也成立了相应的管理组织,形成了全市上下齐抓共管的工作推进机制。在品牌构架上,灵宝市采纳了课题组制定的策略,采取"母子品牌联动、核心品牌突出"的模式,全力打响"灵宝苹果"大品牌,同时,积极推进"子品牌"培育工程,引导产业链上的各个企业建设"子品牌"。几年中,灵宝苹果在以下3个方面的探索与实践,颇具借鉴价值。

3. 加强品质管控

依托《灵宝苹果品牌发展战略规划》,灵宝市将苹果品质和质量放在首位,为了推动这项工作,灵宝市启动品牌苹果生产示范基地建设,对永辉果业有限责任公司、高山天然果品有限责任公司、鲁家果园有限责任公司等20家果品企业、电商、合作社,进行品牌授权。根据规划,灵宝市建立了灵宝苹果品质保障机制,引入第三方专业技术机构,打造灵宝苹果质量追溯监管和信息平台。利用监管平台,实现对果园农事活动的实时监控。通过信息平台,消费者只要输入苹果身份码,或者用手机扫描果箱上的二维码,就可查询所购苹果的真伪以及清楚掌握其生产记录,并实现流向的追踪、责任的追溯等。现在每年,灵宝市都会发放200万枚防伪箱贴和2 000万枚果贴。同时,依托国家级出口苹果及果汁质量安全示范区,灵宝市还加强示范区组织领导,建立了质量安全监控体系。按照三门峡出入境检验检疫局对外来有害生物监测要求,该市的果品重点乡镇已设立8个苹果实施监控点,67个苹果蠹蛾监控点,可实现早发现、早防控。

4. 走出去,请进来

河南省第一个苹果博览馆,全国第一部苹果志书《灵宝苹果志》，全国第一部灵宝苹果赞歌《灵宝苹果甲天下》。盘点这些足迹，你会惊讶地发现，灵宝市在苹果文化的深度挖掘上，一直探索不断，创意无限。按照品牌管理有关规定，在对外传播上，所有加盟的子品牌，实行统一包装、统一品牌形象。与此同时，灵宝市还通过果品线上宣传、重点市场专卖店门头统一工程以及灵宝苹果村媒体场营造工程、灵宝苹果移动售卖长廊示范点工程等，来强化品牌全方位、多渠道的宣传与推广。值得一提的是，从2013年开始，灵宝市果品产业协会与中国果品流通协会、中国果菜杂志社等单位合作，连续4年举办果品产业盛会。每年的盛会上，参加的有来自全国各地的果品经销商，有行业相关单位的领导人、负责人，有新闻媒体，形式多样、精彩纷呈，成功起到了"政府搭台、企业唱戏"的综合效应，既宣传推介了灵宝苹果品牌，提高对外知名度和影响力，又促进了果品产销对接以及果品生产先进技术的推广交流。每年，灵宝苹果都会前往北京、上海、郑州等市举办推介会。如果细心观察，在京广、京沪高铁上，还能看到灵宝苹果的身影。由于推广有力，近年来，"灵宝苹果"获奖不断：中国十大名优苹果、中国果品区域公用品牌50强、中国生态原产地知名品牌、中国知名品牌、中国名牌农产品，2016中国苹果品牌大会上，灵宝苹果还入选最具有影响力的"十大苹果区域公用品牌"。

5. 线上线下，齐头并进

品质的严管也好，品牌的推广也罢，最终成效如何，都要通过产品销售的溢价来体现。事实上，在品牌战略规划中，浙大团队就为灵宝苹果的母品牌下，设计了3种类型的产品构架：面向专卖渠道的礼品苹果，面向商超或连锁店的商超产品和面向电子商务的电商产品。在落地运行中，灵宝苹果很好地贯彻了这一规划理念，打出了"线上线下，齐头并进"的局面——例如，传统的渠道销售，目前灵宝现有销售企业41家，苹果收购季节时，外地驻灵宝的苹果采购商则多达400余人。再如，灵宝苹果与郑州思达超市建立了长期购销合作关系，与洛阳报业集团好来历食品公司搭建了优质生活必需品保障平台，实现商超对接、线上线下对接。又如，2015年，灵宝市大力实施"互联网+灵宝苹果"行动，全面推广新型营销模式，加强电商培训，策划宣传营销，引导销售主体加快发展果品电子商务，深化与果品包装、保鲜冷藏、物流配送合作关系，不断拓展销售市场的覆盖面。2016年5月，永辉果业公司先后在苏宁易购和京东商城，建立2个灵宝农产品特色馆，进一步拓展了电商销售渠道。

6. "灵宝苹果"的烦恼与希望

灵宝市果品产业协会确定"灵宝苹果，天赐高原好果"为宣传口号，采取"统一品牌、商标各异、母子品牌联动、核心品牌突出"办法，壮大"灵宝苹果"母品牌形象，带动旗下"寺河山""岭宝"等13个加盟子品牌发展。从2012—2015年，灵宝苹果区域公用品牌价值由44.11亿元上升到53.23亿元，这已是"灵宝苹果"连续7年稳居全国县级苹果品牌价值首位。尽管成绩不俗，但"灵宝苹果"在落地运行中，也遭遇了不少困难，主要有3个方面：一是品牌宣传高度不够，市场影响力不强，和销售市场衔接不深入，存在脱节现象，特别是与烟台、洛川、静宁等地相比，品牌宣传力度还有较大差距；二是由于果品产业协会作为品牌管理单位，没有执法能力，在维护品牌和市场管理方面缺乏力度，导致苹果销售市场部分品牌使用及包装印制不规范；三是果农和果品销售企业普遍缺乏品牌意识，在"灵宝苹果"品牌树立、保护和使用方面意识淡薄，企业普遍缺乏冷链物流运输平台，开拓高端果品销售市场动力不足。为了解决这些瓶颈制约，接下去，灵宝苹果品牌建设将继续围绕果品质量的严控、品牌宣传推介力度的加大、销售渠道的拓展、销售配套服务的完善等方面，进行精准施策。

第三节 "三品一标"与农产品品牌建设

一、"三品一标"与农产品品牌建设关系

"三品一标"是（无公害农产品、绿色食品、有机农产品和农产品地理标志）政府主导的安全优质农产品公共品牌，是当前和今后一个时期农产品生产消费的主导产品，是农业发展进入新阶段的战略选择，也是传统农业向现代农业转变的重要标志。近年来，农业部门坚持一手抓现代农业园区和农村主导产业发展；一手抓农业标准化生产，强力推进"三品一标"认证，并将"三品一标"认证作为推进现代农业发展、保障农产品质量安全、增强农产品市场竞争力的有力抓手，以"三品一标"认证助力现代农业发展。"三品一标"的快速发展，对提升农产品质量安全水平、促进农业标准化生产和转变农业发展方式都起到了积极的推动作用。"三品一标"提升农产品质量安全水平，推进现代农业发展"三品一标"是适应国内外市场需求，提升农业标准化水平，保障农产品消费安全的战略决策，对提升农产品质量安全水平，推进现代农业发展的作用日益凸显。发展"三品一标"是建设现代农业的重要抓手。现代农业与传统农业相比较，更加注重数量、质量、效益相统一，更加注重经济效益、社会效益、生态效益相统一。"三品一标"坚持的是基地化建设、标准化生产和产业化经营，遵循的是现代农业的发展理念，追求的是安全、优质、生态、环保、可持续，是推动农业发展方式转变、发展现代农业的成功模式和有效载体。"三品一标"通过抓标准、保质量、创品牌，具有快捷入市、顺畅销售、品牌信誉、优质优价等方面的综合优势，对于促进农业增效、农民增收具有重

要作用，也是一个重要载体。发展"三品一标"是促进提升农产品质量安全水平的现实途径。当前，我国农产品质量安全水平总体稳定、逐步向好，但风险隐患依然存在，在一些个别地区、个别品种上还比较突出，还必须下大力气从源头上加以解决。"三品一标"在制度规范、技术标准等方面有明显优势，通过引领农业标准化生产，强化全程质量控制，为提升农产品质量安全水平发挥重要作用。

"三品一标"农产品建设是我国农业由数量向质量效益转型的重要内容，也是我国农产品品牌建设的实质内容。发展特色农产品的根本途径是让农民发展"三品一标"农产品，同时，又能够让他们真正赚钱，使生产、流通、消费、回收等形成一个完整的产业链，有一个协同发展的市场机制和政策环境。同时，将中国的"三品一标"农产品与国际接轨，如中国地理标志产品与欧盟地理标志产品可以直接接轨，能够在进出口贸易方面互通互惠。"三品一标"农产品与现代农产品流通方式相结合，如"三品一标"农产品电子商务，在发展过程中十分艰难，需要在政策上给予相应的支持，否则，难以有效地可持续发展。当前我国"三品一标"农产品发展迅猛，但是鱼目混珠，都说自己的是无公害农产品、有机农产品、绿色农产品、地理标志产品，实际上并非如此，其主要原因是农产品市场秩序混乱，品牌意识淡漠、缺乏发展战略及其规划。

"三品一标"农产品品牌建设理论支撑不足，其发展战略还没有成为国家战略，其发展战略目标、方向、原则、指导策略、发展模式不清楚，同时，还存在刮风搞"三品一标"农产品品牌建设的情况，没有把中国"三品一标"农产品品牌建设与国际贸易接轨问题，促进进出口贸易的发展，因此，需要认真进行研究。

"三品一标"农产品品牌发展战略应成为国家战略，具体来说，一是我国农业转型升级的需要，我国农业由数量型增长向质量效益型增长的转型，应加强"三品一标"农产品品牌建设；二是推进各地"三品一标"的农产品、生产基地规范有序发展；三是根据品牌战略规律选择科学的"稳定型战略"；四是在品牌架构模式上选择"复合品牌战略"（"三品一标"）；五是在品牌建设上采取分步实施的方式，避免一蹴而就。

二、"三品一标"与农产品品牌建设案例

（一）新乡市"三品一标"认证与品牌建设

1. 新乡市"三品一标"认证情况

发展"三品一标"是新乡市推动现代农业、农业产业化和品牌农业的基础工作。新乡市按照优势农产品向优势区域集中发展的工作方针，在黄河故道平原区重点发展无公害农产品生产，在黄河滩区和太行山区重点抓绿色食品和有机食品发展。

为了加快新乡市历史名优农产品地理标志登记和保护步伐，新乡市"三品一标"工作机构经常深入到农产品生产企业和农民专业合作社之中，大力宣传发展"三品一标"的重要意义和市场潜力，并从细节入手，搞好服务，缩短办事时间，提高认证效率。现在，新乡市"三品一标"生产实现了"有标可依"，农业地方标准范围之广，数量之多，走在了河南省的前列。截至目前，新乡市累计发展"三品一标"生产基地11个，面积284.4万亩，占全市耕地面积的55%；认证和登记"三品一标"农产品145个，其中，无公害农产品97个、绿色食品37个、有机食品2个、农产品地理标志9个。全市适宜包装的"三品一标"农产品均能够做到包装上市，并累计推广"三品一标"防伪标志523万枚。

新乡市作为中华民族古代文明发祥地之一，农业发展历史悠久，物产资源丰富，地域生态各异，适宜多种动植物的生长和繁

育。为挖掘保护新乡市的历史名优特色农产品，做大做强传统地域农业特色品牌，新乡市从 2008 年起将农产品地理标志登记工作列为每年农业重点工作，并通过普查资源宣传发动、组织申报搞好服务，推介产品等措施，迅速推进农产品地理标志登记工作，先后成功登记了"延津胡萝卜""封丘芹菜""辉县山楂""获嘉大白菜""卫辉卫红花""获嘉黑豆""凤泉薄荷""延津黑豆""新乡市小麦"等 9 个农产品地理标志，总数保持了从 2009 年起连续 6 年位居全省第一。其中，"新乡市小麦"历时 4 年，于 2014 年 11 月被农业部成功登记为"农产品地理标志"，成了我国第一个以强筋小麦为登记内容的小麦产品，也是我国第一个以地市为登记范围的小麦产品，更是河南省第一个小麦"农产品地理标志"登记产品。这标志着新乡市提出的"将新乡市小麦打造为中国第一麦"的战略目标已经成功实现。

2. 树立品牌、效益显著

近年来，茅台集团在新乡市延津建立了全国首个 2 万亩有机小麦原料生产基地，延津县 45 万亩小麦基地在河南省率先被评为"全国绿色食品原料（小麦）标准化生产基地"，卫辉市和卫滨区成功创建了"全国无公害农产品标志与监管示范县"，原阳县被评为"农业部水产健康养殖示范区"；此外，新乡市"三品一标"还成功创建了 7 个农业部园艺作物标准园创建单位、12 家农业部水产健康养殖示范场 25 个省级和 61 个市级农业标准化生产示范基地。诸如这些基地，都成为推进新乡市农业标准化生产的有效载体。"三品一标"规模的不断壮大，推动了新乡市农业经济效益显著提升，一个个农业品牌脱颖而出。

"延津胡萝卜""卫辉卫红花"分别被授予"2011 消费者最喜爱的中国农产品区域公用品牌"和"2012 最具影响力中国农产品区域公用品牌"；"金粒"小麦、"龙泉"黄金梨、"荷叶"鲫鱼等 58 个"三品一标"相继获得了"中国国际农产品交易会金奖""河南省名牌农产品""新乡市名牌农产品"等市级以上名牌农产品称号。

最引人注目的是,延津县金粒麦业有限公司的"金粒牌"无公害小麦出口到新西兰、印度尼西亚等国,结束了长期以来中国小麦只能作饲料粮而不能作食用粮出口的历史;并以其优良的品质在郑州粮食交易所成功上市,期货交割量逐年增加,通过利用经营利润对订单农户实施二次返利,每年带动农民增收2000多万元;2009年该公司对基地和产品进行升级,成功通过绿色食品小麦认证,克明面业、贵州茅台集团、上海泛亚生物医药集团先后与其合作,采购优质小麦原料。同时,新乡市卫滨区荷叶鲫鱼农民专业合作社成功对接世界500强——麦德龙集团和正大集团下属的锦江麦德龙现购自运有限公司郑州郑东商场和易初莲花超市;"津思味牌"无公害树莓被誉为"生命之果",先后走进北京奥运会和上海世博会,受到消费者的追捧,带动每户农民增收8 000多元。据统计,目前新乡市"三品一标"农产品每年实现产值100多亿元,促进农民增收10多亿元。新乡市将紧紧围绕维护人民群众舌尖上的安全为目标,以"三品一标"为"领头羊",全面加快农业转型升级,全力打造农业品牌,不断提升农产品质量安全水平和市场竞争力。

新乡市还提出要进一步加强"三品一标"建设和管理,严格认证标准强化证后监管,发挥"三品一标"在农业过程控制,减量化生产和生态环境保护方面的示范引领作用,实现"产出来"和"管出来"两手硬,用最严谨的标准、最严格的监管、最严厉的处罚、最严肃的问责,努力确保不发生农产品质量安全事件,树立"三品一标"品牌形象,让人民群众消费农产品更安全、更放心。

(二) 黄东灵和他的有机茶园

广东省河源市紫金县龙窝镇,是位于广东省东部的小镇。此地

第三章 农产品与农产品品牌建设的关系

"八山一水一分田",农业资源相对匮乏。但由于境内林木茂密,水源充足,所以,自然风光非常优美,有"火带长林""中洞午荫""铁潭倒影"等山水美景,吸引着大量的游客前往观光。

龙窝镇人也种茶,并且有500年的种茶史。但是在很长一段时间里,龙窝镇的茶叶生产规模非常小,乡民们在山上种植一些茶树,收获之后大多作为家用,自己喝掉了。若是还有剩余的话,就拿到市场上卖,但是由于此地茶叶产量少、知名度低,没有形成产业优势,所以,价格非常低,500克茶叶只能卖2元钱,赶上行情好的时候最多也不会超过5元,乡民想要靠着茶叶赚钱,那是难上加难。

龙窝镇农民们最主要的收入来源是种植木薯、柑橘、三华李等经济作物,行情好的时候也能赚到一些钱,但遇上天灾或行情不好的话,农民的收入就会大打折扣。1997年,龙窝镇的农民们就遇到了这样的情况——当地最重要的传统作物三华李严重滞销,许多农民辛辛苦苦在林子里忙了一年,到头来发现种出来的农产品卖不出去,洒在田间地头的汗水非但没能变成"金子",反而全部打了水漂,连个响声也听不见,绝望之情可想而知。

怎么才能改变龙窝产业落后、靠天吃饭的状况?这或许是当时许多龙窝镇人都在思考的一个问题。而最终找到答案的人,名字叫黄东灵。

1. 艰难起步

黄东灵是龙窝镇本地人,从小就喜欢跟着家里的长辈们在茶山上玩耍,看着他们从茶树上把带着露水的嫩绿茶芽采摘下来,用传统工艺将茶叶炒制成型。将制好的茶叶泡在水中,散发出诱人的鲜香气息,抿上一小口,满嘴的茶香令人心旷神怡。但是这么好的茶叶,却只能卖个"白菜价",这让黄东灵心有不甘。黄东灵明白,家乡茶最大的短板,就是产业规模小,更缺乏品牌的支撑。想要扭转局面,必须从这2个方面着手。

一开始，为了扩大家乡茶叶的生产规模，黄东灵准备联合乡亲们一起种茶。但是在乡亲们看来，种茶是没什么出路的，毕竟这么多年来没听说过当地有谁是靠种茶发家的。所以，黄东灵的建议无人响应。

可是黄东灵不气馁，他知道，想要让乡亲们相信种茶是有前途的，说没用，必须要做给乡亲看才行。只有自己种出成绩，才可能带动乡亲的热情。于是，他义无反顾地投入了茶叶种植之中，成为当地第一个"专业茶农"。在华南农业大学教授陈国本的推荐下，黄东灵选择了金萱和翠玉这2个茶叶品种在当地大规模种植。但是由于这两个品种属于"外来户"，想要让它们适应龙窝镇的环境，必须先要通过不断地品种改良试验才行。所以，在黄东灵刚开始种茶的1~2年时间里，他把大部分时间都投入到了这件只有投入、没有产出的事情上，在外人眼里，他的行为属于"无用功"，是在浪费时间。

经过一段时间的品种改良，黄东灵培育出了完全适应当地气候条件的茶叶品种，无论是品质还是产量都非常优秀。然后，黄东灵再次去发动当地的乡亲们和他一起种茶，但没想到乡亲们依然觉得种茶这件事情不靠谱，所以，依旧没人响应。黄东灵就是有一种不把事情做成绝不罢休的执着劲头，没人理解他、没人支持他不要紧，他就把自己的茶苗无偿地送给乡亲们，然后免费提供技术指导和肥料，并承诺说："只要你们把茶叶种出来，我就按照每500克8元钱的价格收购。"在当时，这个价格已经算是非常高了。如此一来，当地的乡民们觉得种茶这件事情是只赚不赔的，才纷纷投入到了种茶的行列中。在黄东灵的带动下，短短3年时间，当地的茶叶种植面积从最初的20~30亩发展到了800多亩，翻了20~30倍，形成了一个较大的产业。黄东灵可以说靠一人之力，实现了当地茶叶种植规模化。

2. 茶叶要打品牌

种植规模扩大了,但是还有一个难题没有解决,那就是龙窝镇茶叶缺乏知名度和市场认可度。黄东灵知道,想要解决这个难题,就必须要借助品牌的力量。

2004年黄东灵成立了承龙嶂龙王绿茶业有限公司,主要销售的产品为"龙王绿茶"。为了让自己的茶叶品牌获得更强的市场竞争力,黄东灵打起了"有机牌"。承龙嶂龙王绿茶产地位于龙窝镇海拔8 000多米的龙王嶂山上,这里常年云雾弥漫、气候温和、温润多雨、空气清新、含氧量高,具有生产有机茶叶的先天条件,见下图所示。

图 黄东灵的有机茶园

黄东灵在种植过程中也坚守有机标准。茶园在开垦之前没有种过其他作物,周围也没有工业设施。使用的肥料是用鸡粪、牛粪、花生枯、油菜枯混拌混合而成,这样就保证了种植环境的原生态。此外,在茶园中还遍布着一些水池,黄东灵在水池里养了很多癞蛤蟆、青蛙等用于生物防治。通过这一系列的举措，保证了龙王绿茶绿色安全。

黄东灵相信，品质是品牌的根基。他说："那些使用了化肥农药的茶叶，味道会带有苦味麻味，一喝就能喝出来，今年质量不好，明年消费者就不会再买了，品牌也就倒了。只有产品质量稳定了，品牌才能稳定。"由于坚守质量，所以，承龙嶂龙王绿茶业有限公司先后获得国家、省颁发的工业生产许可证、有机产品认证、无公害农产品认证、国际标准产品认证，广东省最具代表性的地方特色产品等证书。2015年9月，紫金龙王绿茶还入选了南方报业传媒集团主办的"岭南十大养生特产"，紫金龙王绿茶作为深藏在深山的瑰宝，以第一名的成绩脱颖而出。有了一定知名度的黄东灵还作为广东卫视"茶天下"栏目的特邀嘉宾，并介绍了承龙嶂龙王绿茶、红茶的种植、加工及其冲泡方法，受到了茶文化专家及省农业科学院茶叶研究所茶叶专家的一致好评。

3. 带动更多乡亲脱贫致富

龙王绿茶彻底火了！但是黄东灵并未满足，因为他之所以走上种茶这条路，最根本的原因还是希望带动乡亲脱贫致富。虽然，当年乡亲们对他的行为有太多的不理解，但是成功之后的黄东灵依旧不忘初心。到今天，以黄东灵的茶园对外辐射，一心一意地带领着乡亲们通过种茶致富奔小康。

周边已有6 000亩茶园，带动了茶农100多户。每户茶农的年均纯收入增长了3万元以上。由于当地的茶产业逐渐形成气候，所以，当地有些茶农并没有和黄东灵合作，而是选择自己"单干"。对于这些潜在的竞争对手，为了不损害散户们的利益，黄东灵尽量不在价格上与散户们竞争。他说："如果我把价格压低了，公司有品牌而散户没品牌，肯定会严重打击他们的销售量，所以，我绝对不会打价格战。"

为了让茶农收入能持续增加,并且带动更多的乡亲们一起致富,黄东灵还在自有的茶园开发休闲旅游项目。他说:"搞旅游能提高产业的附加值,还能创造更多的工作岗位。我希望能让外面打工的乡亲们都回来,在外面打工 1 个月才拿三四千块钱,但是回到家里,守着本乡本土,开个小饭馆,或者搞些服务业,哪怕是上山采茶,也能有不低的收入。这对于乡亲们来说是一件大好事。"由于黄东灵在扶贫工作中的突出贡献,所以,承龙嶂龙王绿茶业有限公司被评为"广东省农业扶贫龙头企业"。他对记者说,我得了那么多奖,但是这个奖是最让我感到高兴的。

人们常说,一方水土养育一方人。可是有的时候,一个人也可以改造一方水土。黄东灵一个人,凭借着一片小小的茶叶,造福了一方水土,这就是一个关于普通农民企业家矢志不渝、壮怀激烈的创业故事。

第四节 农产品加工与农产品品牌建设

一、农产品加工与农产品品牌建设关系

我国农产品市场发展迅速,类别繁多,包括粮油市场、蔬菜市场、水产品市场、肉食禽蛋市场、干鲜果品市场等。农产品市场数目基本稳定,交易额稳步上升。我国农产品市场正随着消费者需求迅速从量的扩张转向质的扩张。农产品市场上的各种硬件设施都得以改善,而农产品的品牌建设也越发彰显其重要性。农产品市场同质化严重,产品保质期短,对产品进行深加工,改变产品原始的形态,走向精深,可大幅度提升产品的附加价值,有效提升产品竞争力。

1. 农产品品牌建设要实行差异化生产战略

差异化,不仅要对农产品设计差异化,使产品更新颖独特,

规格、形状区别于同类产品。而且要将农产品的目标消费者群体进行差异化区分。抓住消费者的心理特征，生产符合其爱好的品牌。

2. 树立品牌观念，增强品牌意识

品牌是农产品得以长期发展的招牌，是农产品的灵魂。不仅是政府、企业、农户、收购商都要有这种品牌观念。政府要大力出台支持农产品品牌的政策法规，从宏观上引导农产品走品牌路线。帮助广大农民改变陈旧的农业观念，树立农业创品牌是增加收入的重要保障思想，逐步提高农民的品牌意识，让农民真正体会到农产品品牌效应带来的效益，积极投身到农产品的品牌创建中去。

3. **塑造农产品品牌形象**

品牌形象就代表着农产品。农产品品牌形象的设计不仅要着手于外在形象，更要着重于内在形象。品牌的内在形象主要体现在产品的质量特性上。质量是品牌形象的核心，是产品的生命所在。品牌外在形象的塑造主要体现在品牌名称、品牌标志、品牌包装上。产品名称成了潜在顾客亲近产品的挂钩。品牌名称是和消费者对品牌的印象紧紧联系在一起的。品牌名称给人在听觉和视觉上的感受要亲切动听，且便于记忆和突出特色。品牌标志的设计要清晰醒目、新颖美观并富有时代气息。包装是品牌形象的具体化。包装便于消费者识别品牌产品、展示品牌个性、促进产品销售。通过包装的造型、图案色彩、规格、包装材料的设计和选用，突出产品的个性，提高品牌的魅力。

4. **完善农产品质量体系，实现生产标准化、品种优化、包装特色化**

实行农产品标准化生产，这是稳定农产品品牌形象的重要前提。优化农产品品种、发展特色农业，这是提高农产品品牌形象的基础。一方面需要注意科技投入，广泛利用基因工程等现代科技成果创造新产品;另一方面要根据消费者对无公害产品的渴求推出"绿色产品"以顺应时代潮流,增强品牌的亲和力。另外,还要根据各地的自然资源优势及传统优势推出特色产品,增强品牌的市场吸引力,巩固其品牌地位,并搞好农产品的加工和包装,这是改善农产品品牌形象的重要保证。这不仅顺应了消费者生活水平提高对农产品需求变化的趋势,提高产品身价、提升品牌形象,而且还有利于农业产业链的延伸,带动地方经济的发展。

二、农产品加工与农产品品牌建设案例

好想你:好吃的红枣,要记得住、有温度

1961年,一名普通的男孩出生在河南省新郑的一个贫苦农村家庭。在刚经历3年自然灾害的中国大地,遍地荒丘,产粮紧缺,这个男孩从出生起记忆中就只有一个字:苦。2011年,他创办的好想你枣业股份有限公司登陆A股市场,成为"中国枣业第一股",他也一跃成为市值百亿的上市公司董事长,在敲钟的那一刻,意气风发的他心里只有一种感觉:甜。一颗枣,也许要不了几毛钱;一个品牌,却可以流传百年。在乡村振兴成为国家战略的今天,他依然奋力前行,致力于贡献服务乡村振兴战略的"好想你"力量。

"当时我带着产品去推广的时候,有顾客看到名字就不屑一顾,说'好想你'这是个什么名字。结果没走一会儿又返回来,说感觉这个名字越念越有意思,所以,想回来买一些尝尝。"至今提起产品命名之初的趣事,好想你枣业股份有限公司(以下简称"好想你")董事长石聚彬仍津津乐道。早在公司刚创办时,品牌和创新就成为石聚彬为公司发展确立的必由之路。

石聚彬表示,当时一共有上百个品牌名称备选项,通过认真

比较、分析、筛选,最终在上百个品牌中确定了"好想你"这个名字。当时就有人对这个名字表示了反对,觉得名字听起来酸溜溜的、很肉麻,感觉不正经。在那个年代,有这种想法非常正常,但石聚彬却力排众议,坚称"好想你是亲情、友情、爱情的传递,过去中国人情感表达太含蓄,很多话说不出口。但只要送上好想你的产品,很多情意就能不言而喻了。"名字虽然确定了,但是品牌建设却远比这复杂。在石聚彬看来,"好想你"品牌建设的成功,可以简单总结成一个词:标准。为了确保种植的标准化,2000 年以来,公司采取先租赁土地、再聘用农民的方式,通过制定标准,科学管理,大大增加了经济效益,带动了枣农管枣种枣积极性。在国家质检总局和国家标准委的支持下,公司建设了 5 000 公顷的国家精品大枣种植标准化示范区,相继收集和制定了 483 个标准,建立了红枣种植标准体系,实现了从育苗、栽培、田间管理到投入品监管和采收的标准化管理。而为了实现生产的标准化,好想你公司在枣片生产上推出了第一个标准化生产车间,实现了产品生产在硬件建设、全工艺和人的标准化上面实现标准化,保证了产品的质量和安全,从而成就了好想你品牌。也正是靠枣这个产品,使好想你成为了整个行业的领导品牌。

在产品的销售渠道上,很多人建议应该直接入驻超市,将超市作为销售的终端。但不按常理出牌的石聚彬觉得,超市里东西太多太杂,容易被其他商品湮没掉,除非搞促销,否则,走量很慢,而且还会有资金回笼慢和回报率低的问题。为此,石聚彬决定开红枣专卖店,并果断决定把品牌效应延伸到销售渠道上去,直接将店名取为"好想你",再次将品牌的推广和宣传效应发挥到极致,也让"好想你"这一最有情感和温度的品牌成为大家买枣的不二选择。

如今的好想你,已经不再是一家单纯的红枣生产和销售企业，而是一家综合性的健康食品股份有限公司，更是现代农业示范性企业。

"为贯彻落实中央精神，深入推进乡村振兴战略，农业农村部提出了加快推进品牌强农的意见，我们也以总书记提出的产业振兴、人才振兴、文化振兴、生态振兴和组织振兴这'五个振兴'为根本遵循，开展好想你公司内部乡村振兴改革，贡献乡村振兴的'好想你'智慧。"石聚彬认为，乡村振兴不仅仅是国家战略，也是企业转型发展的指导、承担服务国家战略的使命。

红枣尽管是第一大干果，但红枣加工业依然呈现出"小、弱、乱、差"的状况，产品同质化问题严重。作为行业领军企业，产业振兴在"好想你"集中表现为种植层面红枣品质的优化、加工层面的市场导向和科研层面结出的累累硕果，通过三管齐下的手段不仅有利于好想你公司的产业升级，也推动整个红枣产业的升级改造。为了探索企业角度贯彻落实人才振兴的实施路径，好想你强力推行以经理负责制为基础，以战略绩效为核心，与"人、财、物、责、权、利"相匹配的管理体系，明确了每个经理的岗位价值，理顺了组织的价值链，强化人才队伍建设。同样，石聚彬聚焦的还有文化振兴和生态振兴的企业实践模式。为此，好想你结合历史文化渊源，大力宣扬红枣药食同源的中国文化、甜蜜喜庆的人文情怀，并充分利用各种传播渠道，将品牌建设与文化传播有机结合，实现了品牌影响力和文化生命力的有效促进。

"好想你的红枣小镇就是依托新郑当地的资源禀赋、区位优势、产业特色和人文历史等，将农村一、二、三产业进行有机融合的休闲农业产业化集聚区。我们大力发展以生态农业、休闲农业、体验农业为核心的创意产业，使一产和三产、乡村和城市找到最佳结合点，摸索出一条既符合政策又能弘扬黄帝文化、红枣文化，更能取得经济效益的新'三农'模式。"石聚彬介绍，"好想你"于2003年11月成立党总支，下设9个党支部，紧紧围绕企业的发展战略，化党建功力为企业发展动力，在党委的领导和推动下，红枣小镇将企业的组织振兴与生态振兴工作进行了有机融合，为公司全面发展的组织保障和生态路径选择都提供了宝贵的经验。

"乡村振兴不单单是政府的事情，也是我们企业的使命，通过产业、人才、文化、生态、组织五个方面振兴实践的摸索，我们既是在实现自我的振兴，将'好想你'这张名牌擦得更亮、叫得更响，更是为服务乡村振兴贡献'好想你'的力量。"石聚彬激情澎湃地说。

第五节 农产品营销与农产品品牌建设

一、农产品营销与农产品品牌建设关系

市场营销研究以满足消费者需求为中心的企业营销活动过程及其规律性，即在特定的市场环境中，企业在市场调研的基础上，为满足消费者和用户现实或潜在的需求，所实施的以产品、分销、定价、促销为主要内容的市场营销活动过程及其客观规律性。农产品营销是市场营销的重要组成部分。农产品营销的主体是农产品生产和经营的个人和组织，农产品营销活动贯穿于农产品生产、流通和交易的全过程。

农产品营销是一个复杂的体系，包括市场调查、市场细分、目标市场选择、市场定位、产品开发、定价、促销、分销渠道建设和售后服务等一系列经营活动。特别是农产品营销组合中产品、定价、分销、促销四大因素是农产品营销活动的重要环节，

第三章 农产品与农产品品牌建设的关系

这四大因素中每个因素又包括许多小因素,形成每一个因素的子因素。农产品营销中产品策略包括产品的包装、产品品牌、新产品开发等多个子因素,农产品品牌建设是农产品营销产品策略中的子因素,也是产品策略中的重要组成部分。

综上所述,农产品品牌建设并不是一门独立的学科,是农产品营销活动的重要组成部分,农产品品牌建设需要以市场调查和市场环境分析为基础,通过市场细分对市场进行详细分析和研究,选定目标市场进行合理定位,创建符合产品特点且能体现产品优势的农产品品牌。

二、农产品品牌建设案例

褚橙传奇

2019年3月5日,中国商界传奇式人物褚时健去世。这位91岁的老人,一生命运跌宕起伏,曾一手将红塔山打造成中国名牌香烟,使玉溪卷烟厂成为亚洲第一、世界前列的现代化大型烟草企业;也曾在71岁高龄遭遇人生重挫,被判无期、女儿自杀。

2001年,身患多重疾病的褚时健保外就医,2002年保外就医的褚时健和夫人以1 000多万元的借款再创业,在哀牢山承包了2 400亩荒山,改造山地,架管引水,修建公路,75岁从零开始种植橙子。10年后,一种名为"云冠"的冰糖橙风靡全国,人们带着敬意称之为"褚橙",它还被定义为"中国最励志的橙子"。

2014年,褚橙的销售额达到1.2亿元,净利润为4 000万元左右,利润率达30%。2015年,金泰果品投资1.2亿元建造了褚橙的第三个选果厂,到2020年公司产值将达到10亿元。对一个由单品橙子支撑起的品牌来说,这一数额无疑算得上一个天文数字大物。

据褚橙线上总经销商本来生活网统计，2018年褚橙预售比往年晚了1周，其销量却远甚前1年。2017年的预售从10月14日开始，截至10月底，半个月褚橙预售突破500吨，相当于400万粒，即平均每周卖出200万粒橙子，橙子单日业绩全网最高，每天预售量较去年增长50%。该年优级果、特级果预售价格分别是138元/5千克和168元/5千克。数据显示，仅生活网一个渠道能占褚橙总销量的25%~30%，而这在其他线上渠道几乎难以想象。

橙子种植是一个漫长的工程，从开荒、种植、到果园大规模成熟至少需要4~5年时间，而果园管理的周期也很长，从发芽开花到最终收获果实，约在270多天，而且期间包括大量的果园管理工作。而在没有果实的冬季，依然要堆肥，并不能停歇，这是个苦差事。

因此，在水果行业内，尤其是橙类种植者眼里，褚时健和褚橙也是经常提及的名词，但每每提及多数都是充满敬佩。褚橙本身而言，并不是一个稀奇的品种，而是来自湖南的冰糖橙，虽然冰糖橙口感甜脆讨喜，糖度也远高于传统的脐橙产品，但是果园管理的难度一直很大，在湖南省产地也很难种好。褚时健作为一个外行，能够将这一品种在海拔、气候和土壤环境都完全不同的云南省地区种好，实属不易。

褚橙进京的操盘手，原本来生活网的市场总监胡海卿谈起当年第一次见褚老还记忆犹新。当时是2012年10月22日下午，在哀牢山上，一个84岁的老人并没有因为人生的遭遇而失去信心，而是侃侃而谈，在设想20年后怎么在哀牢山种出世界上最好的橙子，做一款世界级的橙汁。

只有理想是种不好橙子的，褚时健在种橙子的前几年，当时由于缺乏经验，最开始销售并不算好，当时在北京最大的批发市场新发地卖的价格和湖南冰糖橙差距并不大。

但褚时健并没有气馁,他的做法充满了企业家精神和智慧,《褚时健传》中也曾记录了当时褚时健的做法,他决定用工业的形式来改变农业传统粗放的种植方式。

当时褚时健请来专业种植人才,通过对土壤结构、种植周期、生长规律等进行研究,对生产过程细致量化,并要求农民严格按规定执行。根据当时的规定,从施肥沟的高宽深度、到果树施肥打药的浓度计量,都有严格的规定和要求。而在山上褚时健的房间里,几十本柑橘种植的书被写得密密麻麻。

2012年,励志橙和那句"人生总有起落、精神终可传承"在一群有情怀的媒体人创造的本来生活网的助推下,红遍互联网上下、大江南北,直到今天,网上还有很多争论,认为褚橙是个网红产品。

但在2015年,褚橙销售的发布会上,本来生活创始人喻华峰的话或更有代表性,褚橙之所以能够成为中国农产品的标志性品牌,最主要的原因是褚橙过硬品质造就的口碑传播效应。商品标准化问题是中国农业的一大难题,而褚橙的商品标准化程度高,褚老以80岁高龄,潜心种橙13年,成为中国种植橙子的典范。

天猫生鲜总经理朱霞表示,在褚老的努力下,云南省率先开启了中国特色农产品的规模化、基地化、品牌化种植模式。这种模式促成了品牌方、农户和消费者的多赢。据了解,在褚老的带动下,云南省当地农户的收入在短短几年时间内翻了10倍,从贫困迈入小康。云南省柑橘类水果的品质也因此模式大幅提升,消费者因此受惠。可以说,褚老对中国特色农产品的精品化、规模化、品牌化发展具有开创之功。

三、经验与启示

褚时健凭借着褚橙的成功,打造了生鲜农产品营销的成功典范。从某种角度来说,褚橙这个品牌是生鲜水果品牌中的意外,因为把水果做成品牌太难了,但是,我们仍可以从褚橙的成功中得到启示。

(一) 农产品品牌化

首先,通过以名人姓氏为品类品种命名,褚橙打破了中国农产品多年来"大品类、小品牌;大产地,小企业"的魔咒。通过名人的市场影响力,褚橙成功扭转了品类、产地对品牌的束缚。通过品牌化,完成了农产品营销的第一步。没有品牌化的产品,也就没有完整的产品的消费者编码系统,这样的产品在市场里很难有大的起色,也就不能真正地消费品化。

褚时健给品牌的命名走过一段弯路,一开始褚时健给自己的橙子取名为"云冠",其寓意为云南的冠军之橙,但当时的发展十分困难,一方面产品品质并不理想;另一方面销售渠道没打开,几百吨销量都难以消化。第一年曾出现当地书记亲自订购分发给村民,民政局订购送给老人和下岗职工的情况,此外褚橙公司还托关系向各地烟草公司推介。有一次老两口闲来无事摆摊卖橙子,褚时健的太太把牌子上"云冠"改成了"褚时健种植的橙子",没想到竟然很快卖光了。

(二) 电商玩法

众所周知,对水果而言新鲜度很重要,但是大多农副产品的销售传统上是一个"骡马大市场",一般要经过"农户—收购商—批发市场—水果店—消费者"几个环节,一方面中间环节越多,其成本就越高,大量的费用产生在中间渠道;另一方面,水果是一种比较特殊的农产品,讲究一个鲜,由于储存时间短,因此,从收获到销售的时间越短品质就越好,否则,容易变质腐烂,而这其中就会产生一系列的恶性连锁反应,对于品牌会造成不良影响。因此,为了实现褚橙从"田间"到舌尖的最短距离,保证消费者享用到"一手鲜品",在交通运输业和信息时代不断发展的今天,电商时代的来临解决了中间渠道繁杂的问题,从2009年开始,褚橙尝试取消销售的全部中间环节,云南全省现在有500多家经销商,直接与公司签合同。另外,与本来生活网的合作也是省去了所有的中间环节,盘活了整个生产和销售链条,褚橙在降低销售成本的同时,保证了良好的质量。

本来生活网是褚橙的独家网络经销商。也可以说,正是由于本来生活网的助推,才使得褚橙的品牌打造迈出了一大步,使其从省内销售转为全国范围内销售。作为褚橙的网络合作商,本来生活网的操盘手有着资深媒体人的背景,无疑是讲故事的高手,如同经验丰富的导演,将褚橙的品质和背后故事刻画得精彩动人。在2012年,生鲜市场迅速发展,资金、物流条件逐步走向成熟,这正是生鲜电商发展最为迅速的一年。与本来生活网的合作,不仅对褚橙而言有利可图,更为本来生活带来了收益,促进了它的发展,是一种共赢。

(三) 定价策略

通过品牌革命与渠道革命,作为农产品的褚橙把握了定价权。通过优质农产品的品牌形象,树立了产品价值,也保证了产品的高溢价。

按照褚橙最大的折扣零售价,比市场上的传统优质甜橙高30%~50%,褚橙比云冠橙的价格,大致高出20%左右,这是优质产品对标普通产品时,高品牌对标低品牌时,顾客心理能够承受的溢价幅度。

(四) 包装形态

好的包装往往能吸引消费者的眼球,再好品质的产品如果少了具有自己风格的包装不免单调,即使送礼也让人拿不出手,因此，褚橙的包装，用两层外包装、内隔断等，体现了对产品的保护，这与大多数农产品随意、低档次的做法截然不同。褚橙还在包装上采用了个性化的趣味标语设计，例如，"母后，请记得留一颗给阿玛""剥好皮，等我回家"，等等，让消费者耳目一新，同时，采用了和橙子颜色一致的暖色调作为包装的主打色，让人看了心里就有种暖暖的感觉，与褚橙暖心的励志故事完美匹配。

高定价的支撑点是什么？除了品牌化元素，产品包装实际比产品本身具有优先性。对于首次购买的消费者来说，不是先尝后买，只能凭包装等判断产品的价值。

（五）品牌概念化

以讲故事的形式为向消费者传达产品、品牌的相关信息，为品牌注入情感，提升和丰富品牌的内涵，褚橙背后的故事，不仅有心血、品质，而且有励志，创业，老骥伏枥，自强不息的精神。第一，"褚橙"的故事营销成功将创始人褚时健带有传奇色彩的人生经历融入营销，极易抓取消费者的眼球；第二，褚橙的故事营销将产品独特功能传递出来，得到消费者信任；第三，褚橙所讲的故事既包含了褚老的励志精神又包括了企业家对产品精益求精的极致追求，这种正能量和匠心精神在日益浮躁的今天非常容易打动消费者的内心，引起消费者的共鸣。因此，褚橙过硬的产品质量与其励志内涵故事相辅相成，不仅符合这个时代人群的奋斗理想，更冲破了高价格形成的心理阻挡，形成了情感、心理层面的更高级驱动力，形成品牌感召力。

第四章 农产品品牌策略及实施

第一节 农产品品牌策略

农产品品牌策略是指农产品企业如何合理地选择使用品牌，以促进农产品的销售。农产品创建品牌对大多数农民来说是非常陌生的。在传统农业中，农民经营的农产品一般是没有品牌的，属于无品牌产品，但有一些具有特色的产品，往往以其产地作品牌，形成区域品牌。例如，烟台红富士苹果、涪陵榨菜、库尔勒香梨、安吉白茶等。农产品营销者想要进行农产品品牌建设，首先应该了解在品牌建设过程中的不同策略。

一、品牌有无策略

农产品营销者首先要确定生产经营的产品是否应该有品牌。尽管品牌能够给品牌所有者、品牌使用者带来很多好处，但并不是所有的产品都必须一定有品牌。现在仍然有许多商品不使用品牌，如大多数未经加工的初级原料，像棉花、大豆等；一些消费者习惯不用品牌的商品，如蔬菜；临时性或一次性生产的商品等。在实践中，有的营销者为了节约包装、广告等费用，降低产品价格，吸引低收入购买力，提高市场竞争力，也常采用无品牌策略。如超市里就有无品牌产品，它们多是包装简易且价格便宜的产品。不使用品牌，降低了宣传费用，使得这些产品在价格上有很大优势。

必须说明的是，采用无品牌策略的营销者也存在对品牌认识不足、缺乏品牌意识等情况。当然，农产品有无品牌不是一成不变的。随着品牌意识的增强，原来未使用品牌的农产品也开始使用品牌，如都乐香蕉、褚橙等，品牌的使用也大大提高了企业的利润率。

二、品牌归属策略

现在越来越多的农产品使用品牌，确定在产品上使用品牌的营销者，还面临如何抉择品牌归属的问题。一般有3种可供选择的策略，其一是企业使用属于自己的品牌，这种品牌称为企业品牌或生产者品牌；其二是企业将其产品销售给中间商，由中间商使用自己的品牌将产品转卖出去，这种品牌称为中间商品牌；其三是企业对部分产品使用自己的品牌，而对另一部分产品使用中间商品牌。

一般来讲，在生产者或制造商市场信誉良好、企业实力较强、产品市场占有率较高的情况下，宜采用生产者品牌；相反，在生产者或制造商资金拮据、市场营销经验不足的情况下，为集中力量更有效地进行资源整合，不宜选用生产者品牌，而应以中间商品牌为主，或全部采用中间商品牌。必须指出，若中间商在某目标市场拥有较好的品牌忠诚度及庞大而完善的销售网络，即使生产者或制造商有自营品牌的能力，也可以考虑采用中间商品牌。这是在进入海外市场的实践中常用的品牌策略。

三、品牌统分策略

当营销者决定使用自己的品牌后，仍然面临进一步的选择，对企业不同种类的产品是使用一个品牌，还是各种产品分别使用不同的品牌，通常有以下4种可供选择的策略。

(一) 统一品牌策略

统一品牌是指厂商将自己所生产的全部产品都使用一个统一的品牌名称，也称家庭品牌。如双汇的双汇火腿肠、双汇冷鲜肉等。企业采用统一品牌策略，能够显示企业实力，在消费者心目中塑造企业形象；集中广告费用，降低新产品宣传费用；企业可凭借其品牌已赢得的良好市场信誉，使新产品顺利进入目标市场，同时，省去新产品命名的麻烦。但是任何一种产品的失败都会使整个品牌家族受到影响，从而影响整个企业的信誉。因此，使用统一品牌的企业必须对所有产品的质量严加控制。另外，统一品牌策略也存在着易相互混淆、难以区分产品质量档次等令消费者感到不便的问题。

(二) 个别品牌策略

个别品牌是指企业对各种不同的产品分别使用不同的品牌。这种品牌策略可以保证企业的整体信誉不会因某一品牌声誉下降而承担较大的风险；便于消费者识别不同质量、档次的商品；有利于企业的新产品向多个目标市场渗透。显然，个别品牌策略的显著缺点是要为每个品牌分别做广告宣传，大大增加了营销费用。一般来说，企业采取多品牌策略的主要原因有以下几点。

(三) 分类品牌策略

分类品牌是指企业对所有产品在分类的基础上各类产品使用不同的品牌。例如，企业可以将自己生产经营的产品分为蔬菜类产品、果品类产品等，并分别赋予其不同的品牌名称及品牌标志。分类品牌可把需求差异显著和产品类别区分开，但当公司要发展一项原来没有的全新的产品线时，现有品牌可能就不适用了，应当发展新品牌。

一般来说，企业采取分类品牌策略的主要原因有以下 2 点。一是企业有许多不同类型的产品，如果都统一使用同一个品牌名称，这些不同类型的产品就容易互相混淆；二是有些企业虽然生产或销售同一类型的产品，但是为了区别不同质量水平的产品，往往也分别使用不同的品牌名称。

（四）复合品牌策略

复合品牌是企业对其各种不同的产品分别使用不同的品牌，但需在各种产品的品牌前面冠以企业名称，例如，可口可乐推出的"雪碧茶"等，复合品牌的好处在于，可以使新产品与老产品统一化，进而享受企业的整体信誉，节省促销费用。与此同时，各种不同的新产品分别使用不同的品牌名称，又可以使不同的新产品彰显各自的特点和相对的独立性。

四、品牌重新定位策略

品牌重新定位策略也称再定位策略，是指全部或部分调整或改变品牌原有市场定位的做法。虽然品牌没有生命周期，但这绝不意味着品牌设计出来就一定能使品牌持续到永远，为使品牌能持续到永远，在品牌运营实践中还必须适时、适势地做好品牌重新定位工作，例如，浙江金华市佳乐乳业有限公司的"初道""乐溶""蓝钙""熊猫滚滚""维卡""垒品"产品，都是"佳乐"牛奶最新推出的高端乳品，对佳乐品牌进行了重新定位。

企业在进行品牌重新定位时，要综合考虑两方面影响因素：一方面，要考虑再定位成本，包括改变产品品质费用、包装费用和广告费用等。一般认为，产品定位或品牌定位改变越大，所需的成本就越高；另一方面，要考虑品牌重新定位后影响收入的因素，如该目标市场上有多少顾客、平均购买率、竞争者数量、潜在进入者数量、竞争能力如何以及顾客愿意接受的价格水平等。

五、多品牌策略

多品牌策略是指企业同时为一种产品设计两种或两种以上互相竞争的品牌的做法。在中国市场上，可口可乐公司为自己生产的饮料设计了多个品牌,如可口可乐、雪碧、芬达等,其多品牌策略在中国市场上获得了令人瞩目的市场业绩。虽然多个品牌会影响原有单一品牌的销量,但多个品牌的销量之和又会超过单一品牌的市场销量,增强企业在这一市场领域的竞争力。采用多品牌策略的好处如下。

第一,多种不同的品牌只要被销售终端接受,就可占用更大的货架面积,而竞争对手所占用的货架面积当然会相应减小。

第二,多种不同的品牌可吸引更多顾客,提高市场占有率。这是因为:一贯忠诚于某一品牌而不考虑其他品牌的消费者是很少的,大多数消费者都是品牌转换者。发展多种不同的品牌,才能赢得这些品牌转换者。

第三,发展多种不同的品牌可使企业深入各个不同的细分市场,占领更大的市场。

在决定是否引进其他品牌时,企业必须考虑下列问题:是否能为该品牌建立独特的历史;该独特历史是否可信;该新品牌会夺走本企业其他品牌及竞争者多少销售量;产品开发与促销费用能否从新品牌销售额中收回来。

需要特别注意的是,在推出多种品牌时,可能每种品牌都只有很小的市场占有率,而没有一个特别获利的。这样,企业的资源就会浪费于许多片面成功的品牌,在这种情况下,企业必须放弃较弱的品牌,并严格选择可以推出的新品牌。一个企业的品牌应该能击败竞争者的品牌,而不是剧烈的内部竞争。

第二节　农产品品牌策略的实施

实施农产品品牌策略,往往需要长时间的艰苦创造和努力,是一项复杂的系统工程,必须从全局出发,综合谋划。

一、从农产品生产经营主体来看

（一）转变观念，树立农产品品牌意识和名牌意识

要充分认识建立品牌、创立名牌是提高农产品科技含量和商品化程度，促进农民增产增收的需要；是提高农产品档次，改善人们生活质量，取得良好社会效益的需要；是经营者参与市场竞争并立于不败之地，拓展生存与发展空间的需要。

随着人们对安全、绿色与健康等高质量农产品需求的增强，巨大的行业利益吸引很多企业纷纷投入巨资进入各类养殖行业，从而成为养殖农业产业链的企业链环主体；丁磊的网易公司进入生猪饲养业，搜狐也在张朝阳的号召下进入生猪养殖业，国内各大农业龙头企业更是阔步进军养殖业，正邦不断兼并各地养殖场，福建圣农在福建省和江西省等地兴建养鸡基地。有些企业专门从事生鲜农产品的采购和贸易，从中赚取利润；围绕着生鲜农产品的运输物流和仓储等业务形成了生鲜农产品物流公司，生意异常火爆，行业利润也非常可观。有些企业专门承接某类或某几类生鲜农产品的宰杀和加工业务。而各个大大小小的农贸市场和超市则成为生鲜农产品的分销场所，把初级农产品和深加工的成品农产品送到千家万户。为了提高经济效益和更好地控制产业流程以提高农产品质量，农产品经营企业对农业产业链各链环活动的整合趋势越来越明显，很多大型农业产业化龙头企业如中粮、双汇、正邦和圣农等都涉足到农产品的选种育种、养殖种植、物流运输、加工生产等产业链的各个环节活动，以保证其农产品的质量安全及品牌质量。

（二）科技创新是实施品牌策略，提高农产品质量的关键措施

市场竞争就是产品竞争，产品竞争就是质量竞争，而质量竞争往往是通过科技创新和争创名牌来实现的。争创名牌就是要追踪世界高新技术前沿，逐步形成科技创新体系，加快科技成果的转化。因此，名牌的形成过程就是创造优质产品的过程。质量是产品的生命，是竞争力的源泉，是高效益的保证，必须把实施名牌农产品发展策略作为提高农产品质量的首要任务来抓，要顺应国际市场发展要求，为名牌农产品注入新的活力，为我国农产品尽快抢占国际市场奠定坚实的基础。

（三）实施科技创新，生产有特色的优质农产品

一是以产业组织为主体，加强农产品优良品种的培养，优化品种结构，形成各自特有的专用性品种。二是加强农产品的采收、包装、储藏、运输和加工技术的研究与开发，通过农产品的精加工，提高农产品的科技含量和附加值。

（四）要实施农产品品牌策略，须建立产业化组织

在生产方面，可以建立农产品生产协会、专业性生产合作组织；内部实行不同程度的企业化管理与经营，如专业性生产某种类或品种的农产品，统一进行产品的加工并使用同一品牌销售。在市场方面，建立有特点的品牌产品产地市场，集中销售当地的名特优农产品；同时，建立稳定的销售渠道、开拓新的业务关系，促进农产品的大流通。在有条件的地方，还可以促进品牌农产品走向世界市场。

（五）珍视品牌，依法保护品牌

在市场经济中，品牌与市场主体的生存、发展有紧密联系。市场对国内品牌农产品的冲击主要来自2个方面：一是假冒伪劣农产品的冲击；二是自砸牌子的行为。目前，来自第一种冲击的风险非常大。相对于工业产品来说，农产品更容易被假冒或侵权。农产品要在市场上站得稳、立得住，就必须用法律来保护它。农产品经营企业必须重视产品商标专用权，因为商标就是自己产品的"身份证"，是农产品经营企业进军市场、抢占制高点的"秘密武器"。

二、从政府的支持来看

农产品经营企业是农产品品牌建设的主力军,是农产品品牌的所有者、决策者、建设者和受益者。由于我国农业产业化程度较低,很多农产品经营企业规模和实力较弱,获取政府的扶持是十分必要的,想要得到政府扶持,一是选择好的产品,提供优良项目获取优惠利率、贷款贴息、投资补贴等政府的优惠措施。二是要选择科研任务和研究方向,开发农产品品牌产品并加强相关技术的科技攻关。针对农产品新品种培育、配套,在配合饲养技术、产品加工、包装和市场营销等环节,进行技术攻关,提高产品科技含量,以获取政府的政策倾斜。三是推进产业标准化。标准化是实施农产品品牌策略的重要基础,没有标准化就难以实施品牌策略。

三、从社会管理角度来看

政府部门是农产品品牌建设中的重要一环,在品牌建设过程中充当着重要角色,主要包括政府的多个部门,既包括政府中的农业行政管理部门、工商行政管理部门、质检部门,甚至还要涉及公安和司法部门等。

(一) 加大品牌宣传力度,营造创立名牌的社会氛围

政府部门可通过各种途径,广泛进行质量、品牌、商标、广告和营销策略的宣传教育,让农产品生产经营者把经济发展的出发点和落脚点放在实施品牌策略上。新闻媒体通过对农产品经营组织先进典型的报道,宣传品牌经营的经验,增强全社会的品牌意识。

(二) 注重品牌保护

品牌保护既是对农产品经营企业利益的保护,也是对顾客和社会利益的保护。执法部门和司法部门对假冒品牌农产品的行为

和虚假广告,要坚决查处打击,为品牌农产品脱颖而出创造良好的市场环境,做到创一个品牌,带一个行业,兴一方经济。

(三) 深化改革,增强农产品经营企业的创新能力

推进品牌策略的实施,必须加快和深化体制改革,使农产品经营企业成为实施品牌经营的主体。实施农产品品牌策略是企业的行为,只有当他们真正成为市场主体,拥有经营自主权时,才会有市场竞争的强烈意识,才会有品牌意识。

第五章 农产品品牌建设流程

第一节 农产品品牌规划阶段

企业品牌发展首先是制订品牌发展的目标,然后进行品牌定位,再次进行品牌扩张,最后实现国际品牌的梦想。农产品品牌建设的过程分为4个阶段,分别是品牌规划阶段、品牌创立阶段、品牌培育阶段和品牌扩张阶段,这是农产品品牌建设行为的实施路径,从纵向维度反映了农产品品牌建设的内容。

在农产品品牌规划阶段有五个方面的工作要做。第一,选择合适的农产品。产品是品牌的载体,选择自身具备优势的产品是品牌规划的首要问题。第二,市场调查与环境分析。在产品选择的基础上通过市场调查分析所选农产品所处的宏观环境和微观环境,解决农产品品牌建设的知己知彼的问题。第三,根据环境分析的结果制订农产品品牌建设战略目标,确定品牌建设的时间节点。第四,市场细分与目标市场选择。即确定产品卖给谁,品牌面向谁的问题。第五,农产品品牌定位。即在消费者心目中确立什么样的形象,树立什么样的品牌差异特征。

一、选择合适的农产品

(一)农产品整体概念

农产品整体概念是指提供给市场,用于满足人们某种欲望和需求的与农产品有关的生产、加工、运输、销售实物、服务、场所、组织、思想等一切有用物。具体来说，农产品整体概念包括以下3个层次。

1. 农产品的核心产品

农产品的核心产品是指消费者购买某种农产品时所追求的效用，是消费者真正购买目的所在。例如，消费者购买蔬菜、水果是为了获得人体所需的维生素、纤维素，购买肉蛋奶是为了获得人体所需的蛋白质等。消费者购买的是农产品的营养而不是农产品本身。营销的根本任务是向消费者介绍农产品的实际效用和利益。

2. 农产品的形式产品

农产品的形式产品也称有形产品，是农产品核心产品实现的形式，即向市场提供的农产品实体的外观，间接影响消费者对农产品的满足度与评价。例如，五彩辣椒、樱桃番茄等的出现，打破了人们对传统农产品的认识，这些农产品在外观、形状等方面进行创新后，深受消费者欢迎，尽管价格高但销量却很好。通常形式产品由五部分组成，即农产品的质量、特征、形态、品牌和包装。它们间接地影响消费者对农产品的满足度和评价，其中，农产品质量是农产品能否畅销的关键因素。

3. 农产品的附加产品

农产品附加产品也称延伸产品，是指消费者在获得农产品或使用农产品过程中所能获得的形式产品以外的利益，它包括提供农产品的信贷、免费送货、保证售后服务，农产品知识介绍、种子栽培技术指导等。例如，农民购买大型农资设备可以申请贷款，国家也出台了相关的补贴政策。附加产品是农产品整体概念中的一部分，其存在有利于引导消费、刺激购买并最终增强企业的竞争优势。

农产品品牌建设中的农产品是产品的整体概念，是市场经济条件下对农产品概念的完整、系统、科学的表达，对于农产品品牌建设具有重要意义。它以消费者基本利益为核心，指导整个市场营销管理活动，是农产品经营企业品牌建设活动的基础；农产品经营企业只有提供产品3个层次的最佳组合，才能确立农产品的优势市场地位；农产品生产经营企业想要在激烈的市场竞争中建立良好的品牌，就必须致力于农产品的独特点的挖掘与创造。

（二）农产品的销售分类

农产品的种类丰富，但是根据农产品的销售关系进行划分，可以分为以下几种。

（1）独立产品，即农产品的销售不受其他农产品在市场上销售的影响。

（2）互补产品，即农产品与另外的农产品在市场销售上相互依存，一种农产品销量的增加会带动另一农产品销量的增加，反之亦然。

（3）替代产品，即2种农产品在市场销售上存在竞争关系，彼此在消费者购买决策中互相替代，此时，1种农产品销量的增加会导致另1种农产品销量的减少。

（三）最受市场欢迎的农产品

1. 能给消费者带来"健康"的农产品

调查显示，土鸡蛋、黑猪肉、有机蔬菜等健康理念的农产品备受市场欢迎。为什么呢？研究显示有机产品含有较多铁质、镁质、钙质等微量元素及维生素C，而重金属及致癌的硝酸盐含量则较低。因为，这些农产品在生产及加工处理过程中严格控制化学物质的使用，也未使用任何基因改造生物及其衍生物，能保障人体的健康和安全，满足消费者对健康理念的追求，所以，备受消费者喜爱。

2. 根据地理环境生产最受消费者欢迎的农产品

作物或畜禽因其生活习性或生长环境因素，依赖于特定的气候和地理环境，所以，其农产品的品质和相关特征主要取决于自然生态环境和历史人文因素。在品牌农业中,农产品区域品牌仍然是目前最大且最有价值的心智资源,用产地识别购买仍是普遍性的消费习惯。农产品经营企业要做出好产品,打造知名品牌,首先要考虑能不能从区域品牌资源上借力。通常有两种途径,一是直接选择在产区内建厂或建农业基地,掌控产区内的产品资源、主打产区概念来运作品牌运作市场;二是不受企业所在地的限制,直接将知名产区的品类原料作为产品的主打概念来运作品牌市场。

3. 依托当地的特有资源生产最受消费者欢迎的农产品

2015年1月18日,第二届中国硒产品博览会暨中国恩施·世界硒都硒产品博览交易会在湖北省恩施州城拉开帷幕。经过多年耕耘,恩施已成为中国知名的富硒绿色产业基地及特色农产品加工基地,恩施州充分发挥本地特有的资源优势,重点发展富硒农产品,以市场为导向把这一充满无限生机的朝阳产业,发展成恩施州极具潜力、极具核心竞争力的优势产业。

4. 围绕城市,开发市民喜欢的农产品

城郊型农业是现代农业的一个重要组成部分。随着我国经济的发展,城镇人口与规模不断扩大,城郊型农业迎来前所未有的发展机遇。例如,河北省保定市农业生态园,位于保定市西郊,占地42万平方米,其中,特色农业示范观光区立足展现保定各种特色农业、各县特产,如望都的辣椒园、阜平的大枣园等。与此同时,特色示范观光区还将建设一条全国最长的瓜果长廊。另外还有特色小吃区,囊括了徐水驴肉、高阳锅包肘子、白洋淀咸鸭蛋等。该观光区还设计了农耕体验区,市民可以租块田地,种植作物,周末、假期,一直在闹市、写字楼忙碌的人们在这美丽的环境下耕作,不仅愉悦身心,还能一饱口福。

这种形式的农产品生产,不仅没有传统农业中最常见的农药、化肥等对环境的破坏,其本身就是社会主义新农村的一幅优美画卷。类似的充满环保理念的农产品生产模式在咸阳市杨陵区、武汉市东西湖区、上海市崇明区等全国各地广泛地推广。

5. 利用现代农业科技，生产受消费者欢迎的农产品

光伏蔬菜大棚就是在普通蔬菜大棚的顶部安装太阳能薄膜电池板，利用太阳光能，将太阳辐射分为植物需要的光能和太阳能发电的光能，既满足了植物生长的需要，又实现了光电转换。这种蔬菜大棚既能发电又能种菜，一棚两用。相比普通蔬菜大棚，光伏蔬菜大棚具有保温、减少病虫害，抗冰雹、辐射、暴雨、强风等恶劣天气，无污染等优点。农业的发展，最终要依靠农业科技的进步与创新。通过最新农业科学技术，可培育优质新品种，提高农产品整体质量，增加农业生产者的经济效益。

二、市场调查与环境分析

农产品市场调查就是指运用科学的方法，系统地搜集、记录、整理有关农产品市场营销信息和资料，分析农产品市场情况，了解农产品市场的现状及其发展趋势，为市场预测和营销决策提供客观的、正确的资料。包括市场环境调查、市场状况调查、销售可能性调查，还可对消费者及消费需求、企业产品、产品价格、影响销售的社会文化和自然因素、销售渠道等开展调查。

（一）常用的农产品市场调查方法

1. **访谈法**

即事先拟定调查项目，通过面谈、问卷、电话等方式向被调查者提出询问，以获取所需要的调查资料。这种调查简单易行，有时也不见得很正规，在与人聊天闲谈时，就可以把你的调查内容穿插进去，在不知不觉中进行着市场调查。

2. **观察法**

即调查人员亲临市场，了解与观察市场行情。如蔬菜生产与

经营者到产地批发市场以及城乡一级和二级市场观察了解市场，什么样的品种最畅销，什么样的产品消费者最欢迎。畜禽养殖与经营者到农贸市场直接观察和记录顾客的类别，购买动机和特点，消费方式和习惯，这样取得的资料更真实可靠。

3. 试验法

即调查人员对不确定的产品或市场采取试验开发的方法掌握顾客需求、市场容量等资料，为规模化生产与经营打好基础。试验法方法科学，能排除主观性偏差，结果比较准确，能直接而真实地反映市场需求。

4. 资料调查法

资料的来源通常有两个：一是企业内部资料，所有从事营销活动的企业，都有内部的销售人员报告、存货记录、年销售、利润的信息资料，对这些资料进行长期系统的储存，有助于企业管理者分析与其营销活动有关的营销问题。二是企业外部资料，可通过查找已发表在现有汇编刊物上的资料而取得，通常有以下几个途径，即图书馆、期刊、统计资料、地图、行业协会、各级政府管理部门、独立的营销调研机构等。这些资料也可以通过互联网获得，也可以到相关部门按流程索取。

5. 调查问卷法

农产品生产与经营者为掌握消费者的第一手资料，科学合理地设计问卷，请被调查对象填写的方法来收集意见和建议的一种方法。这种方法具有匿名性强和回收率高的特点。

(二) 市场调查小技巧

1. 访问法运用技巧

（1）科学选择访问对象。如果你准备从事生猪的养殖，想详细了解相关的生产情况与市场行情，你的调查对象必须是当地生产条件与你相似的养殖场、农贸市场的商户以及消费群体。

（2）灵活运用访问方法。调查对象确定以后，就要想办法接近目标了，由于市场竞争的原因，很多养猪场对同行的调查是不配合的，所以，要巧妙地使用方法，如以饲料推销员、猪贩子的身份接近受访者，在不经意交谈中就收集到有用的各种市场信息。

（3）对访问所获得的信息要及时整理记录。在访谈结束后马上做好笔记，在征得访谈对象同意后，也可以对访谈过程进行录音，在没有征得访谈对象同意时切不可偷录。

2. 观察法运用技巧

武汉市东西湖区新沟镇是武汉市的蔬菜生产基地。河南永城农民梁永生从2008年起来到新沟镇，承包了5个大棚种植蔬菜。为适应市场需求，他经常调整种植品种，每年都能取得很好的收成。谈起生产经营经验，他说："学会观察市场，才能选好品种；把握市场需求，减产也能增收。"谈到观察技巧，他总结了2条。

（1）选择好观察场所。他身边有3种市场，一是产地批发市场；二是当地集贸市场；三是武汉市蔬菜批发市场。由于他的产品主要是批发，所以，他主要观察对象是产地批发市场和市级蔬菜批发市场。

（2）观察有窍门，内行看门道。批发市场人来人往，蔬菜品种琳琅满目，怎样才能观察到有用的信息呢？在产地批发市场，如果来收购某种蔬菜品种的外来货车突然增加，且来自不同地方，就说明该产品市场需求旺盛，可适应扩大该品种的种植规模。如某产品在市级批发市场内明显滞销且价格下行，这是供过于求的现象要及时调整该产品的种植计划。如某产品出现市场短缺，价格猛涨，切忌盲目跟风而上。因为根据市场规律，过高价格会导致该品种下一生产周期种植面积猛增，市场风险也随之增大。

3. 试验法使用技巧

（1）合理使用试验法。在农产品的市场调查中，试验法的使用有很大局限性，主要用于新开发产品与全新市场。例如，你要从事一种高端新品种的蔬菜生产，在决策之前，可以用试验法进行调查。试验场所最好选择产品的未来市场如星级宾馆、高档酒店等。

（2）对试验结果要及时收集意见，观察市场反应，了解客户需求。在此基础上再做决策。

（三）市场调查的内容

由于影响农产品经营企业营销的因素很多，所以，市场调查的内容非常广泛。凡是直接或间接影响农产品经营企业营销活动、与企业营销决策有关的因素都可能被纳入调查范围。

1. 宏观环境发展状况

农产品经营企业是社会经济的细胞，是整个国民经济有机整体的组成部分。社会对产品品种、规格、质量和数量等各方面的要求，是受整个社会总需求制约的。而社会总需求的动态是与宏观环境直接相关的。

对宏观环境因素的调研，包括对经济环境、自然环境、人口环境、政治法律环境、技术环境、社会文化环境等的调研。

2. 农产品市场需求状况

农产品的市场需求是指在特定的地理区域、特定的时间、特定的营销环境中，特定的顾客愿意购买的总量，包括现实的需求量和潜在的需求量。因此，市场需求调查包括对消费者的特点进行调查，消费者不同，其需要的特点也不同；还包括对影响用户需要的各种因素进行调查，如购买力、购买动机等。

3. 农产品销售状况

（1）农产品经营企业现有产品的市场占有率及发展前景、相应的产品策略、新产品开发情况、产品现阶段销售、成本、售后服务情况以及产品包装、品牌知名度等方面。

（2）消费者对农产品可接受的价格水平、对产品价格变动的反应、新产品的定价方法及市场反应、定价策略的运用等。

（3）农产品经营企业现有规模和实力是否适应需要、现有的销售渠道是否合理。

（4）目前农产品经营企业采用了哪些促销手段，广告销售效果、媒体选择、方案设计调查，及相关促销方式调查。

4. 竞争状况

竞争状况包括行业竞争对手的数量、名称、经济实力、生产能力、产品特点、市场分布、销售策略、市场占有率及其竞争发展战略等。

（四）农产品市场分析与预测的方法

农产品经营企业要想在纷繁复杂的市场环境中，在激烈的竞争条件下，长期保持稳定发展的态势，就必须在市场调查的基础上，遵循客观规律，按照科学方法对未来市场的变化及趋势进行有效的预测，为品牌建设决策提供支持。

1. 经验判断预测法

经验判断预测法是农产品生产与经营者依赖经验和知识，在综合分析调查资料的前提下，对某种农产品市场的未来发展前景作出估计和推测的预测方法。

2. 时间序列预测法

时间序列预测法是一种历史资料延伸预测，也称历史引申预测法。该方法是以时间数列所能反映的社会经济现象的发展过程和规律性，进行引申外推，预测其发展趋势的方法。

3. 因果分析预测法

因果分析预测法是通过因果图表现出来，农产品生产与经营者是为了寻找产生某种质量问题的原因，发动大家谈看法，做分析，将各种意见反映在一张图上，就是因果图。用此图分析产生问题的原因，便于集思广益。因为这种图反映的因果关系直观、醒目、条例分明，用起来比较方便，效果好。

三、确定农产品品牌建设战略目标

20世纪60年代,哈佛大学的教授安德鲁斯对战略进行了4个方面的界定,并将战略的构成分为市场机会、公司实力、个人价值观和渴望及社会责任等4个要素。其中,市场机会与社会责任是外部环境因素,公司实力与个人价值观和渴望则是企业内部因素。安德鲁斯还主张企业应更好地配置自身的资源,形成独有的能力,以获得竞争优势。

(一)目标与愿景是战略的核心

农产品品牌建设的战略核心是农产品品牌建设目标的确立,品牌建设的一切行为都是围绕着品牌建设目标进行的。而品牌建设目标不能凭空而来,需要结合现实的关键因素进行综合考量,制订符合实际情况的品牌建设目标。

1. 行业竞争环境

市场竞争是为了获得比较性竞争优势,了解行业就是要了解竞争对手、了解市场需求。企业要如何更好地满足市场需求,需要建立或者具备什么优势,市场的发展趋势和方向在哪里?怎么才能更好地赢得竞争?对行业竞争环境的研究和分析,通过对行业的发展趋势和产业竞争环境进行分析,发现竞争机会,制订品牌建设的战略目标和方向,这是企业对外部环境的适应性。

2. 企业创立者的愿景

从某种程度上看,企业就是企业家奋斗的产物,企业的发展方向和目标不可避免地会带有企业家个性的烙印,除了企业根据行业环境制订的战略目标和策略外,企业家的愿景是影响企业发展的一个重要因素,包括企业家个人的喜好、情结、理想和经历等,虽然带有一定的主观意识性,但是对企业发展至关重要。

3. 企业的资源和能力

品牌建设的目标就是提升品牌的资产价值、实现企业可持续发展。农产品品牌建设的目标总体是建立并提升农产品经营企业的品牌价值，实现企业的可持续发展。同时，由于企业的规模、特点等因素的差异，不同企业在不同阶段的目标是不同的。农产品品牌建设的目标确定应该根据企业自身的实力，在分析经营环境基础上，立足消费者需求进行。

(二) 战略也是竞争，需要考虑好竞争策略

企业确立目标是为了赢得市场竞争，战略的目的就是要赢得竞争，只有赢得竞争才能赢得市场份额。

从如何赢得竞争的角度理解，企业的战略决定了竞争领域、竞争对手和竞争方式，也决定了在什么地方、进行什么样的竞争以及竞争所要付出的代价等，而在这些竞争要素中，企业研究的重点就是"如何获胜"。

(三) 战略是核心竞争力

从企业看，核心竞争力既是资金、团队、品牌力、管理能力、核心技术等。这也是企业进行行业竞争所要具备的关键性能力和资源。

不同的行业，关键竞争要素不同，企业需要打造的核心竞争力也不同。例如，饮料行业竞争的关键要素是品牌力和渠道掌控力。

为了应对竞争，企业必须持续提高核心竞争力，并根据市场的变化改变竞争策略。找到赢得行业竞争必备的核心竞争要素，然后客观审视自身优缺点，不断改善缺点和不足，提高自身的能力，达到能够赢得行业竞争的要求。

(四) 战略的实现，需要建立独特的配称和运营

企业在明确品牌建设目标和发展方向之后，为了实现目标，需要建立与支持建设目标、发展方向相匹配的系统，具体包括：管理模式、运营机制、业务流程、组织架构、人力资源、财务配置等。企业建立战略配套系统，为达成战略目标提供执行保障。

(五)战略需要行动

任何伟大的愿景和目标的实现,都离不开执行力,也就是行动。所以,企业或组织只有行动、行动、再行动、才能实现自己的战略目标。

四、市场细分与目标市场选择

(一)市场细分

当前农产品卖难是个普遍的现象,这在很大程度上是因许多农户、农产品经营企业并没有真正对市场细分所致。有人认为:"庄稼活,不用学,人家咋做咱咋做。"农产品低值易耗,不用也不值得细分。很多人正是在这种习惯思维的引导下急功近利,盲目发展,看到人家赚了钱也挤同一条赚钱道,不自觉地扩大同类农产品的种植面积,放弃自己的优势,去追求所谓的"热门",结果大家都赚不到钱。有的自认为"细分"了,实际上却分得很粗,例如,把蛋类分为鸡蛋、鸭蛋等大类别,把鸡肉加工分为烤鸡、炸鸡等不同加工方法的大类别等,结果导致生产经营趋同化,竞争更加激烈。其实,对同类农产品而言,由于人们的消费观念、经济状况、年龄大小、所处状况等存在差异,需求也各不相同,所以,形成的市场呈现多层次、多样化和复杂化。在一般情况下,一个农产品经营企业不可能满足所有消费者的需求,尤其在激烈的市场竞争中,农产品经营企业更应集中力量,有效地选择市场,取得竞争优势。

1. 农产品市场细分的概念

农产品市场细分是指营销者利用一定需求差别因素(细分因素),把某一农产品整体市场消费者划分为若干具有不同需求差别的群体的过程或行为。需要注意以下问题。

(1)市场细分不是对自己的产品进行分类。

(2)市场细分不是按农产品经营企业的性质进行分类。

(3) 市场细分是按照顾客的需要和欲望进行分类。

农产品市场是一个非常庞大而复杂的市场。以家庭养花为例，有的消费者喜欢购买容易养护的，有的消费者要求价格便宜的，有的消费者喜欢能净化空气的，有的消费者则喜欢高档名贵的。因此，通过市场细分工作，区别具有不同欲望和需求的消费者群，就可以将其加以归类，把整个市场划分为若干个子市场、分市场。

2. 农产品市场细分的标准

农产品市场细分的依据是消费者需求的多样性、差异性。消费者对农产品的需求与偏好主要受地理因素、人口因素、心理因素、购买行为等因素的影响。因此，这些因素都可以作为农产品市场细分的标准。

(1) 地理因素。地理细分就是以消费者所处的地理位置以及其他地理要素为依据，对总体消费群体进行分类的过程。这是大多数经营者采取的主要标准之一。这是因为这一因素相对其他因素表现得较为稳定，也较容易分析。地理因素主要包括区域、地形、气候、城镇规模、交通条件等。由于不同地理环境、气候条件、社会风俗等因素影响，同一地区内的消费者需求具有一定的相似性、不同地区的消费需求则具有明显的差异。例如，根据我国不同地区对大米的不同需求，可将大米市场细分为东北、华北、华东、华中、华南等子市场。应该指出，按照国家、地区、南方北方、城市农村、沿海内地、热带寒带等标准来细分市场是必需的，但是，地理环境是一种静态因素，处在同一地理位置的消费者仍然会存在很大的差异。因此，农产品经营者还必须采取其他因素进一步细分市场。

(2) 人口因素。人口细分就是企业按照人口统计因素对消费者市场进行分类的过程。这是大多数经营者采取的常用标准之一。这是因为人口是构成市场的最基本、最主要的因素，它与消费者对产品的需求、爱好、购买特点、使用频率等关系密切。人口因素包括年龄、性别、家庭人口数量、家庭收入、职业、教育、文化水平、宗教、种族、国籍、家庭生命周期等,见下表所示。

表 按人口因素细分市场

细分标准	细分结构	关注重点
性别	男女构成	了解男女构成及消费需求特点
年龄	婴儿、儿童、少年、青年、成年、老年	掌握年龄结构、比重及不同年龄段的消费特征
收入	高收入、中等收入、低收入	掌握不同收入层次的消费特征和购买行为
家庭生命周期	单身阶段、恋爱阶段、新婚阶段、育儿阶段、空巢阶段、孤老阶段	研究各家庭处于哪一阶段、不同阶段消费需求的数量和结构
职业	工人、农民、军人、学生、公务员、教育工作者、文艺工作者、自由工作者	了解不同职业的消费差异
文化程度	文盲、小学、中学、大学等	了解不同文化层次人员购买种类、行为、习惯及结构
民族	汉族、满族、藏族、回族等	了解不同民族的文化、宗教、风俗及不同的消费习惯

(3) 心理因素。心理细分就是按照消费者的生活方式、个性、购买动机等心理变量等对市场进行分类的过程。心理因素对消费者的爱好、购买动机、购买行为有很大影响。在如今个性张扬的时代,消费者具有表达自我的强烈愿望和动力,在农产品消费上也不例外。心理状态直接影响人们的购买意向,随着经济收入水平的不断提高,人们购买商品不再是满足生存的需求,更注重品味、情趣。因此,心理因素对消费者的购买行为影响力越来越大。企业可以按照消费者性格、爱好等来细分农产品市场。例如,农产品消费心理,从20世纪70—80年代吃得饱,再到20

世纪 90 年代吃得好,到现在吃得安全健康。安全健康是消费者购买农产品时首要关注的问题。

(4)行为因素。行为因素就是企业根据消费者购买或使用某种产品的时机、所追求的利益、对某种产品的使用率、品牌的忠诚度、对产品的态度等行为因素来细分市场的过程。它是农产品市场细分的一个重要因素,在农产品相对过剩、消费者收入不断提高的市场条件下,这一因素愈显重要。例如,春节前副食品销售达到高峰,重阳节前各种保健类食品吃紧。

消费者市场需求具有较大的差异性,而这些形成需求差异的因素,就可以作为市场细分的依据。当然,市场细分没有一个固定的模式,不同的企业可根据自身所处行业的特点或产品的特点,采用适宜的因素进行细分,以求获得更好的市场机会。

3. 市场细分应注意的问题

农产品市场细分的标准为一般标准,目的是为了挖掘市场机会,农产品经营者在运用上述标准时,应该注意以下几个问题。

(1)不同类型经营者在市场细分时应采取不同的标准。如消费品市场主要根据地理、人口等因素作为细分标准,但不同的消费品市场所使用的度量也有差异。如苹果市场按地域、收入等变量细分,大米则按家庭人口、收入等细分。

(2)市场细分的标准是随社会生产和消费需求的变化而不断变化的。由于消费者价值观念、购买行为和动机不断变化,经营者细分市场采用的标准也会随之变化。如土猪肉原来只需用"收入"标准来细分,而今天消费者购买土猪肉除了考虑经济承担力外,还追求土猪肉的口感等内容。

(3)农产品经营者在进行市场细分时,应注意各种标准的有机组合。在选择市场细分标准时,可以采取单一标准,更多情况下则采用多项标准的组合,这样可使整个市场更细、更具体,经营者也更易把握细分市场的特征。

(4) 市场细分是一项创造性的工作。由于消费者需求的特征和经营者营销活动是多种多样的，市场细分标准的确定和选择不可能完全拘泥于书本知识。经营者应在深刻理解市场细分原理的基础上，创造新的有效的标准。

(二) 目标市场选择

农产品市场细分是农产品目标市场选择的基础和前提。市场细分的目的就在于有效地选择并进入目标市场。农产品目标市场是指在市场细分的基础上，企业决定进入并为之服务的农产品市场。选择和确定农产品目标市场，是农业企业制定市场营销策略的首要内容和基本出发点。

1. 农产品目标市场的类型与选择

市场经过细分、评价后，可能得出若干可供进军的细分市场。农产品经营企业是向某一个市场进军，还是向多个市场进军呢？通常，农产品经营企业可以在以下 5 种目标市场类型中进行选择。

(1) 产品/市场集中化。产品/市场集中化即农产品经营企业的市场及农产品都只集中于一个细分市场，企业只生产一种标准化的农产品，只供应一个消费者群，以取得企业在某一市场上的优势。这一策略适宜农产品经营企业实力较小时采用（图5-1）。

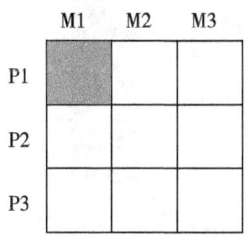

图 5-1　产品/市场集中化

（2）产品专业化。产品专业化即农产品经营企业向各种消费者同时提供某种农产品。当然，由于面对不同的消费者群，产品在档次、质量或款式等方面会有所不同。采取这一策略有利于提高产品质量，降低产品成本，提高农产品经营企业的经济效益，适宜那些拥有专业技术特长的农产品经营企业采用（图5-2）。

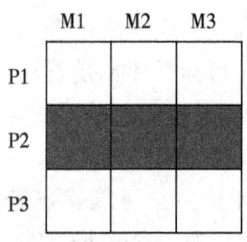

图5-2　产品专业化

（3）市场专业化。市场专业化即农产品经营企业向同一类型的消费者提供有所区别的同类农产品。采用这一策略有利于企业与顾客之间建立起稳固的联系，适宜于那些在市场上已经拥有较高声誉及威望的农产品经营企业采用（图5-3）。

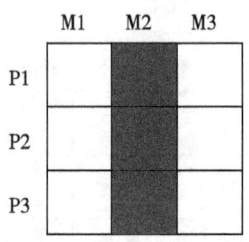

图5-3　市场专业化

(4) 选择专业化。选择专业化即农产品经营企业有选择地进入几个细分市场，为不同消费者提供性能有所差别的同类农产品。采取这一策略应当十分慎重，必须以这几个细分市场均有相当吸引力为前提，亦均能为企业实现一定的利润为前提，适宜于那些具有较强资源能力和营销实力的农产品经营企业采用（图5-4）。

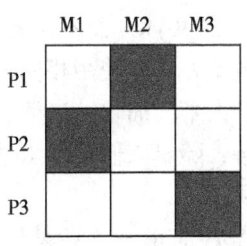

图 5-4　选择专业化

(5) 全面进入。农产品经营企业把所有细分市场都作为目标市场，并生产不同的产品满足各种不同的目标市场消费者的需求。一般，只有大型农产品经营企业才会选用这种策略（图5-5）。

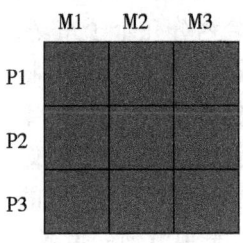

图 5-5　全面进入

2. 农产品目标市场营销策略

农产品目标市场营销策略是指农产品经营企业对客观存在的不同消费者群体,根据不同产品的特点,采取不同的市场营销组合的总称。农产品经营企业选择的目标市场不同,提供的商品和服务就不同,目标市场策略有3种:无差异性市场策略、差异性市场策略和集中性市场策略。

(1) 无差别性市场策略。就是把整个市场作为自己的目标市场,只考虑市场需求的共性,而不考虑其差异,运用一种产品、一种价格、一种推销方法和使用相同的销售渠道,去占领总体市场的策略。例如,大米、面粉、白糖、食盐这些产品大部分采用无差异的营销策略,随着人们生活水平的提高和需求的多样化,逐渐开始细分市场。

这种策略的优点是产品单一,容易保证质量,能大批量生产,降低生产和销售成本,产生规模效应;由于不需要对市场进行细分,可相应地节省市场调研和宣传费用,有利于提高利润水平。缺点是难以满足消费者多样化的需求,不能适应瞬息万变的市场形势,应变能力差。随着消费者需求向多样化、个性化方向发展,其适用范围逐步缩小。

(2) 差异性市场策略。就是把整个市场细分为若干子市场,针对不同的子市场设计不同的产品,制定不同的营销策略。如乳制品企业把市场按年龄划分几个子市场,分别制定营销组合策略:针对婴幼儿的策略是提供助长、健脑和壮骨的奶粉;针对老年人的是补钙、补铁的奶粉;针对中青年女性的是低脂、脱脂奶粉;不同包装层次和等级的纯牛奶、酸奶、酸酸乳、益菌乳等。

这种策略的优点是全面满足消费者的不同需求。一个企业经营多种商品,能适应越来越激烈的市场竞争,有利于扩大销售、占领市场、提高企业声誉。缺点是由于产品差异化、促销方式差异化,增加了管理难度,提高了生产和销售费用。

(3) 集中性市场策略。就是在将整体市场进行分割为若干个细分市场后，选择一个或少数几个细分市场作为目标市场，实行专业化生产和销售。在个别少数市场上发挥优势，提高市场占有率。采用这种策略的企业对目标市场有较深的了解，这是大部分农产品生产经营者应当采用的策略。

采用集中性市场策略的优点是能集中优势力量，有利于产品适销对路，降低成本，提高企业和产品的知名度。缺点是经营风险较大，因为它的目标市场范围小，品种单一。如果目标市场的消费者需求和偏好发生变化，企业可能应变不及时而陷入困境。同时，当强有力的竞争者进入目标市场时，企业可能会受到严重影响。因此，许多中小企业为了分散风险，仍应选择一定数量的细分市场为自己的目标市场。

3种目标市场策略各有利弊。选择目标市场时，农产品生产经营者必须考虑面临的各种因素和条件，选择适合本企业的目标市场策略，并根据情况动态调整。农产品生产经营者自身条件和外部环境在不断发展变化，要不断通过市场调查和检测，掌握和分析市场变化趋势与竞争对手的条件，扬长避短，发挥优势，把握时机，采取灵活的策略，争取经济效益的最大化。

3. 选择目标市场应考虑的因素

(1) 企业经营的农产品特点。本企业经营的农产品特点包括农产品的品质、功能、特色、产品文化等。这里农产品功能是指该产品是用于满足生存需要还是满足享受需要；特色是指该农产品与同种农产品相比是否具有口感好、形象好等特点；产品文化是指该产品是否具有可以用于宣传的文化背景，如"褚橙"的励志故事。

(2) 品牌农产品消费者特点。农产品经营企业还应该考虑品牌农产品消费者的特点。只有消费者特点适合农产品经营企业的战略目标，才能将其设定为本企业的目标市场。有些消费者群体的行为特点、决策思路和影响因素不适合本企业经营目标,就不能将其确立为自己的目标市场。例如,某企业品牌建设的目标是建设区域性高档海参产品品牌,将消费者市场经过市场细分后认为,所有消费者一共分为5类。海参经营企业就只能将最高2个层次的消费群体确立为自己的目标市场,其他3个层次的消费者就不能确定为这个企业的目标市场,因为前2个层次消费群体的消费特点适合海参经营企业的经营目标,而后3个则不符合。

(3)企业所在的农产品市场的特点。市场特点包括市场容量、竞争状况、渠道特点等因素。如果市场规模过小,企业进入后就得不偿失,获利太小,甚至亏损。市场规模的大小是相对于企业规模而言的,只要相互适应就是最好的。市场竞争状况也是市场特点的要素之一。当竞争者较少时,可以采用无差异性营销策略;当竞争激烈时,应采取集中性营销策略或差异性营销策略。如果竞争对手采用无差异性营销策略,企业既可以采用无差异性营销策略与对手进行竞争,也可以避其锋芒实行差异性营销策略或集中性营销策略,抢先向市场深度进军,占领更深层次的市场。农产品的渠道特点是指农产品适合的营销渠道,一般来讲,农产品的零售渠道主要是农贸批发市场、超市农产品柜台、农产品专营店和直供几种模式。对适应于农贸市场的农产品,进行农产品品牌建设的作用就不是很大,原因是农贸市场的农产品品牌保护机制不健全,农产品品牌易受伤害,而适合超市经营和直供的农产品建设品牌意义重大,而且成功的概率要比农贸市场的农产品大得多。

(4)企业实力。企业实力主要包括本企业的生产能力、销售能力和资金、技术开发能力、经营管理水平和品牌推广能力等。如果农业企业实力强,就可以采用无差异性营销策略或差异性营销策略,把整个市场都作为企业的目标市场。如果企业实力较弱,则应将有限的资源集中于一个细分市场,采用集中性营销策略。

五、农产品品牌定位

农产品经营企业进行市场细分和选择目标市场后,一个重要问题必须回答:如何进入目标市场?以怎样的姿态和形象占领目标市场?这就是市场定位。农产品品牌的市场定位是指农产品生产经营者根据竞争者现有产品在市场上所处的位置,针对消费者对该产品某种特征或属性的重视程度,强有力地塑造本企业产品与众不同的鲜明个性或形象,并传递给顾客,从而确定该产品在市场中的适当位置。定位的方式主要有如下6种。

(一)定位的方法

1. 农产品品牌功能定位

农产品消费者购买农产品主要是为了获得产品的食用价值,他们对农产品的食用功能、效果等都会有自己的预期。以强调农产品的功能为诉求是品牌定位中最常用的形式。例如,购买有机农产品的消费者,希望能够获得不受污染的农产品,尽最大努力保证身体健康;而购买普通农产品的消费者主要是购买农产品的食用功能,保证身体的基本生理需求,对农产品在身体健康方面的功效考虑不多或不具备购买有机农产品的收入水平。

2. 农产品品牌情感定位

消费者对品牌有自己本能的情感认知,农产品消费者在获得产品的使用价值的同时,会对农产品品牌产生好感或厌恶感,这种情感影响着消费者对品牌的态度。例如,消费者听说蒙牛牌牛奶被指定为航天员专用牛奶,心灵深处就会感到,航天员是英雄,航天员喜爱的牛奶,我也应该喜欢,蒙牛这个品牌就会逐步受到消费者的喜爱。

3. 农产品品牌品质定位

品质定位就是以产品优良的或独特的品质作为诉求内容,向那些主要注重产品品质的消费者进行诉求的一种方式。如鲁花花生油，长期持高质量标准，从未出现质量事故，当追求品质的消费者购买花生油，很容易就选择放心的鲁花牌花生油。

4. 农产品品牌价格定位

价格在绝大多数消费者心目中都是非常重要的一个因素，以价格的高低来确定产品的档次是消费者的普遍心理。所以，价格定位也是企业最常用的定位方式。美国蛇果、泰国大米，都以较高价格长期占有高端市场。

5. 农产品品牌档次定位

不同档次的品牌带给消费者不同的心理感受和体验。档次定位通常与价格联系起来，很难想象一个高档次的农产品品牌以低价位来体现。高档次的农产品品牌往往被赋予很强的表现意义和象征意义。

6. 农产品品牌文化定位

文化是品牌的灵魂，将文化内涵融入品牌，形成文化上的品牌识别，被称为品牌文化定位。文化定位能大大提高品牌的品位，使品牌形象更加独具特色。褚橙就成功实施了文化定位，借褚时健传奇的一生，将品质和励志融入水果中，受到消费者的追捧。

(二) 定位的策略

1. "针锋相对"策略

"针锋相对"策略是把产品定在与竞争者相似的位置，与竞争者争夺同一细分市场。例如，有的农户在市场上看别人经营什么，自己也选择经营什么。采用这种定位策略要求经营者具备资源、产品成本、质量等方面的优势，否则，在竞争中会处于劣势，甚至失败。

2. "填补空缺"策略

"填空补缺"策略不是去模仿别人的经营方向，而是寻找新的，尚未被别人占领，但又为消费者所重视的经营项目，以补缺市场空白的策略。例如，有的农户发现在肉鸡销售中大企业占有优势，自己就选择经营饲养"农家鸡""柴鸡""土鸡""虫草鸡""枇杷鸡"等，并采取活鸡现场屠宰销售的方式，填补大企业不能经营的市场空白。

3. "另辟蹊径"策略

当农产品经营者意识到自己无力与同行业有实力的竞争者抗衡时，可根据自己的条件选择相对优势来竞争。例如，有的生产经营蔬菜的农户既缺乏进入超级市场的批量和资金，又缺乏运输能力，就利用区域集市，或者与企事业单位的联系，甚至走街串巷，避开大市场的竞争，将蔬菜销售给不能经常到市场购买的消费者。

农产品品牌建设规划阶段的任务是为农产品品牌建设的未来发展进行总体设计，将未来农产品品牌建设中的重大问题、重要环节的处理原则、总体方向预先确定，以便有的放矢，提高品牌建设效率。

第二节 农产品品牌创立阶段

在完成农产品品牌建设规划后，就是实际操作阶段。操作阶段的第一个步骤就是农产品品牌的创立阶段。农产品品牌的创立阶段主要包括品牌的命名、品牌识别系统的设计、品牌注册、产品上市、品牌文化形成等内容。

一、农产品品牌的命名

差异化，是品牌要解决的关键竞争问题之一，随着市场上新产品越来越多，品类不断细分、品类界限日渐模糊、产品同质化也日益严重，这时候品牌名称的差异化就显得尤为重要。一项数据表明，消费者对品牌印象的形成50%来自于品牌的名称，所以，才有"好的品牌名称等于成功了一半"的说法。

在品牌命名上，品牌农业正出现什么样的情况呢？因为过度强调品牌名称所承载的信息内容，企业都想走一条节省品牌传播和品类教育的捷径，越来越热衷于启用一种品类化的品牌名称，这将导致品牌的差异化被抹杀，品牌的产品延展性也大大降低。

（一）品牌名称的类别

通过对品牌名称进行研究，从区分性、信息性和延展性3个维度考虑，品牌名称可分成3类。

1. 商标化品牌

这类品牌名称具有很强的区分度，延展空间也很大，品牌名称中多包含着某类特定的关联信息。大多数是直接以人名、地名、动植物名或某类事物名称命名的品牌，例如，燕京、青岛、茅台、王老吉、王致和、玉兰、红梅、铁狮子、稻香村、红牛等最具代表性。

2. 行业化品牌

这类品牌名称的区分度要弱于商标化品牌，有的名称包含一定的信息，有的则无实际意义，它不局限某类产品，从气质上比较符合某个行业，因此，在某一行业或领域具有很大的延展性，例如，露露、今麦郎、统一、印耕、佳沃等。

3. 品类化品牌

这类品牌名称是近几年在消费品领域经常被使用的，尤其在品牌农业领域，其中，包含了一定的产品信息，有的重新组词，有的改用现有的名词或典故，代表性品牌有：六个核桃、四大美莓等，这类品牌包含的信息虽然比较丰富，但它们的共同特征则是区分度小、品类延伸空间小。

在实际经营中，品类化的品牌经常会面临这样两个尴尬的局面：第一，消费者在认知上容易混淆，企业要么靠品牌代言人来建立差异化识别，要么在广告中不断强化品牌名称记忆；第二、在品类延伸空间上，康师傅、今麦郎、娃哈哈等品牌可以顺利从方便面跨越到饮品行业，甚至是整个食品行业，但是品类化品牌就不行，无法实现品牌价值的最大化。

如果单纯谈名称，这3类品牌名称无所谓好坏。但是从品牌经营战略上进行考虑，这3类品牌名称就有优劣之分，关键是企业要用品牌承载什么内容。品牌农业要慎用品类化品牌，主要从品牌战略层面上进行考虑。

(二) 品牌命名的注意事项

为农产品品牌取名实际上是选择适当的词或文字来代表商品。对消费者而言，品牌名称是引起其心理活动的刺激信号，它的基本心理功能是帮助消费者识别和记忆商品。品牌名称的好坏给消费者的视觉刺激、感受程度和心理上引起的联想差别很大，带来的消费者对企业的认知感也不同。

1. 品牌名称要有助于建立和保持品牌在消费者心目中的形象

品牌名称要清新高雅，不落俗套，充分显示商品的高品位，从而塑造出高档次的产品形象。

2. 品牌名称要有助于使产品区别于同类产品

选择名称时，应避免使用在同类商品上已经使用过的或音义相同、相近的名称。如果不注意这一点，则难免会使消费者对品牌认识不清和对企业认识模糊，鲜明的产品形象和企业形象的建立更是无从谈起。

3. 品牌名称应体现产品属性

在品牌命名时，充分体现产品的属性所能给消费者带来的益处，从而通过视觉的刺激，使消费者产生对产品、对企业认知的需求。这是企业形象深入人心的基础。

4. 品牌名称应能激发购买动机

品牌名称要符合大众心理，能激发消费者的购买动机，使企业形象的树立有一个立足点，这是品牌命名最需要注意的问题。例如，消费者比较注意身心健康，注意营养元素的合理搭配，所以，像富含硒元素的富硒葡萄、养神静目的静宁苹果一度受到消费者的青睐。

5. 品牌名称应注意民族和文化差异

品牌命名应注意民族习惯的差异性，这样树立企业形象才更有效，更具针对性。国内外各地区的喜好、禁忌不同，品牌的命名更应慎之又慎。

6. 品牌命名要合法

要遵循商标法和知识产权法的有关规定，否则，即使市场运作成功了，也可能是为他人作嫁衣。

二、农产品品牌识别系统设计

品牌名称确定后需要进行农产品品牌识别系统设计，这是品牌创立的基础，也是品牌培育和扩张的基础。

（一）品牌标志的设计

品牌标志与品牌名称都是构成完整的品牌概念的要素。品牌标志设计是在一定的原则前提下，选择特定的表现元素，结合创意手法和设计风格而成的。典型的设计方法有2种：文字和名称的转化、图案的象征寓意，它们产生3类设计标志：文字型、图案型以及图文结合型。

1. 设计要求

要以符号、图案为标志内容。人们的思想基于印象、认知，都是具体的、活生生的，因此，人们更容易识别符号、图案。品牌使用标志，更便于消费者识别、记住，可以引发消费者联想。运用符号、图案来表达品牌，可以强化品牌定位，使消费者印象深刻。

2. 设计思路

品牌的设计思路是：简洁、凝练、独特、新颖。

3. **基本形式**

(1) 设计"名称标志"。把名称与标志合在一起，把名称的文字、数字艺术化，可以作为与众不同的品牌标志。如NEC、IBM。

(2) 设计"符号标志"。如"三菱"的3个菱形符号、"耐克"体育用品的"√"符号、李宁体育用品的"L"标志、麦当劳的"M"标志等。

(3) 设计"图案标志"。如"骆驼"香烟、"苹果"计算机、"雀巢""双鹿""中华""太阳神"等。

(二) 品牌识别系统设计

农产品品牌识别系统的主要思想是将农产品经营企业的经营理念、行为规范和视觉识别"三位一体"进行系统性分类，从战略的角度来体现企业内涵、文化、形象。完整品牌识别系统由三部分组成，即品牌理念识别系统、品牌行为识别系统、品牌视觉识别系统。系统中的3个组成部分，各有功效，相互配合，关系十分密切，不可分割。其设计步骤为：第一步，建立农产品品牌理念识别系统，为农产品消费者提供品牌理念支持。第二步，建立农产品品牌行为识别系统。统一品牌所有者的行为规范。第三步，建立农产品品牌视觉识别系统，统一品牌所有者的产品、店面、包装等有形物体的形象。而在农产品品牌识别系统的执行过程中则将农产品品牌理念识别系统中的内涵与要求寓于行为识别系统和视觉识别系统之中，并使其内涵、形象和风格在社会公众面前得以全面展示。

农产品品牌识别系统的设计内容与工业产品品牌有一定的差别，这些差别是由农产品的特征所造成的。第一，农产品品牌的形式多样，使得农产品品牌识别系统的内涵具有特殊性。农产品品牌的形式涉及质量标志、集体标志、企业产品品牌等内容，这些内容在设计上应有清楚的体现。第二，农产品的产品要素也有其特殊性。农产品受到生产地的土壤、气候等自然环境的影响，导致其在色泽、风味、外观和口感上都有一定的独特性，如浙江省杭州市的龙井茶、山东省的红富士苹果、新疆维吾尔自治区和田市的大枣等都与当地的土壤、气候和自然环境有着很大的关系，与其他地方生产出来的同类产品相比较，这些产品达到了良好的品质。农产品的生产工艺和生产环境的独特性影响农产品的物理、化学、营养等产品特征。因此，消费者非常关注农产品的生产环境质量和生产方式。对使用有机肥料、无污染、生物技术的情况，对农产品加工的程度与方式等，都可以作为品牌识别系统的基础性要素。这些内容需要在识别系统的设计中充分体现出来。第三，农产品品牌的独特文化影响农产品品牌识别系统的设计。我国农产品有着丰富的历史文化，这些文化影响着消费者的选择，如"云南普洱茶"曾经是清朝皇帝的御用茶品，多次受到清朝皇帝的褒奖，形成独特的贡品文化，受到消费者推崇。这些文化特征被体现在农产品品牌识别系统中，将会大大提高农产品品牌的特色水平。

三、农产品品牌注册

农产品品牌在经过识别系统的设计后，要经过注册才能成为具有法律效力的商标。农产品品牌的内容复杂，导致农产品在品牌注册申请上与一般工业产品品牌有很大的不同。这个不同主要是体现在注册的内容和机构上。农产品不但需要注册产品商标，还需要申请质量标志和集体商标。质量标志的申请是农产品经营企业根据企业目标的要求，向农业主管部门授权的机构申请质量水平认证，认证的种类主要是无公害产品、绿色产品和有机农产品。集体品牌包括一般集体品牌和地理标志，其中，一般集体品牌标志的申请与企业标志申请的办法相同，不过申请者往往是农业行业组织（协会）或农业合作经济组织等集体单位，而不是企业。地理标志的申请情况比较复杂，后文有详细表述。

农产品品牌的企业产品商标注册程序同一般工业产品和服务产品商标注册程序与主管机关是一样的。品牌注册是农产品品牌建设中比较简单的事务性工作。主要步骤如下：第一是进行品牌查询，查询的目的是避免商标名称、商标标志与别人相同或相近，保证注册的商标有专用性。第二是进行设计修改，在查询后发现与其他人相近或相同的商标名称或图案要及时进行修改，以免形成日后的商标纠纷。第三是进行注册申请，具备上述2个条件后，申请者可申请办理商标注册。申请者填写《商标代理委托书》和《商标注册申请书》，交付一定的申请费后，就可委托商标事务所向国家工商行政管理局商标局递送、备审。商标在审查中无任何异议，国家商标局在受理申请一年后，发布初审公告并寄送申请人。公告日起3个月后，即发放正式《商标注册证》，申请者即可开始合理合法地使用自己申请的注册商标。

四、品牌农产品投放市场

品牌农产品投放市场过程是品牌被消费者认知的起点，这一过程主要应该完成以下几个方面的工作。

（一）产品包装

包装不仅解决了产品的储运问题，更是成为了品牌最大的广告，它承载着品牌差异化的价值，这是包装的灵魂。

1. 包装策略的内容

（1）类似包装。企业所有产品的包装，采用共同或相似的图案、标志和色彩等。这种策略的优点是可以壮大企业的声势，扩大影响，促进销售。同时，可以节省包装成本。

（2）组合包装。按人们消费的习惯，将多种有关联的产品组合装置在同一包装物中。如化妆品、节日礼品盒、工具包等。

（3）再使用包装。例如，盛装产品的包装袋可以作为手提袋。这种策略能引起顾客的购买兴趣，使顾客得到额外的使用价值。

（4）附赠品包装。在包装物内附赠物品或奖券。这种策略是利用顾客好奇和获取额外利益的心理，吸引其购买和重复购买，以扩大销量。对食品类产品较为适宜。

（5）改变包装。对原产品包装进行某些相应的改进或改换。更新包装可以起到促销的作用，可以新形象吸引消费者的注意力，可以改变产品在消费者心目中的不良形象。

（6）绿色包装。绿色包装又叫生态包装，指包装材料使用可再生、再循环，包装废物容易处理及对生态环境有益的包装。采用这种包装策略易于被消费者认同，有利于环境保护和与国际接轨，从而产生促销效果。

2. 产品包装注意事项

（1）基本功能要实用。首先，包装是为了更好地解决产品的储运，所以，实用是第一位，在实用的基础上再考虑如何更新颖、更有特色。其次，包装形式和选材也很重要。

（2）体现视觉审美。这是一个拼颜值的时代，产品的包装也不例外，颜值是视觉上的美感，体现在品牌标志、色彩和视觉元素及布局，让消费者看着喜欢、感觉舒服。但是，如果单纯地拼颜值，过度关注包装或者过度包装都会弱化产品的核心竞争力，导致产品毫无特点。目前、从市场上看，真正畅销的产品并不都是因为产品的包装，高颜值不一定带来高销量，包装可以起到"锦上添花"的效果，但是无法"雪中送炭""起死回生"。

（3）传递品牌的核心价值，便于消费者识别。包装要凸显品牌的核心价值，主要是使用文字信息、视觉图案和主题色。文字信息主要包括品牌名称、产品名称和品牌卖点，目的是说服消费者购买产品。在处理这些内容时，首先，在字体设计和整体布局上，考虑品牌信息的传播效果，越是知名的品牌包装越要追求简单，越是新品牌越要考虑品牌信息的传播。其次，在视觉呈现上要与品牌的气质相吻合。

视觉图案则要求更高，不仅要考虑品牌的个性形象，还要考虑所引发的信息联想，在品牌农业领域，包装上惯用的视觉图案通常有以下3类。

第一类，与产品有关的图案，主要是原料或产品内容。

第二类，产地符号，尤其是具有地域特色的农产品，例如，新疆、内蒙古等区的特产惯用雪山、草原、民族元素等作为视觉符号。

第三类，针对品牌单独设计视觉符号。

无论采用哪种形式，都必须立足于品牌的核心价值，考虑包装的差异化，强调品牌的识别性，在使用那些缺少独特个性的通用视觉元素时，需要慎重考虑，因为很容易被抄袭和模仿。在充分考虑品牌核心价值的基础上，包装还须具备视觉冲击力，即让包装放到货架上要能够脱颖而出，做到让消费者看一眼就被吸引。

总之，好包装离不开正确的品牌策略，其中，价值感、个性化、传播效果和视觉冲击力是包装必须具备的特点。

(二) 农产品定价

为产品制定一个既能为消费者所接受，又符合经营者利益的价格，不是一件容易的事。只有站在整体的角度，考虑各方面因素，才能制定出具有一定市场竞争力，为各方所接受的价格。

1. 影响农产品定价的因素

(1) 产品成本。产品成本是指生产经营者为某产品所投入和耗费的费用总和。它是构成产品价格与价值的主要组成部分，所以产品成本是价格制定的下限，除非处于非常恶劣的价格竞争或其他特殊情况下，一般定价是不会跌破成本的。只有清楚地了解产品成本结构，定价时才能胸有成竹。产品成本包括变动成本和固定成本之和，具体可分为生产成本、储运成本和销售成本三部分。

（2）市场供求关系。市场供求是引起产品价格变化的外在主要因素。一般认为价格与供给量成正比关系，价格越高，供给量越大；反之，价格越低，供给量越小。价格与需求量成反比关系，价格越低，需求量越大；价格越高，需求量越小。

农产品市场供求与价格的关系同样遵循一般产品市场的规律，当市场供大于求时，农产品价格趋于下降；当市场供不应求时，农产品价格就自然会上升。这在蔬菜、水果上表现得尤为明显。

（3）需求价格弹性。需求价格弹性是指单位价格的变化引起的需求量的变化程度。需求量受价格变化影响大的，称为需求价格弹性大，又称为富有弹性；反之，则称为需求价格弹性小，或称为缺乏弹性。产品需求价格弹性的大小，能够揭示市场需求量对价格变化的敏感程度，是制定和调整价格的重要依据。

（4）目标投资收益率。在正常情况下，每一个生产经营者都会追求一定的利润目标，这些目标通常是以投资收益率或资产收益率来评估的。农产品生产经营者可供选择的利润目标一般有3种：一是长期利润目标。此时生产经营者虽然制定正常的产品价格，但却生产优质的产品，将来可渗透进入到竞争者的市场中去；二是最大当期利润目标。指根据已知的需求和成本情况，制定一个在当季或当年可获得最大利润的价格；三是固定利润目标。农产品经营者在投资前制定一个具体的利润目标，以保证获得固定的投资收益。

（5）消费者对产品的认知。消费者对产品所持有的认知价值，对他们所能接受的价格有重大影响。当他们对产品的认知价值较高时，就能接受一个较高的价格；相反，价格高时，他们会拒绝接受。一个产品的认知价值的建立需要经营者做好营销工作。只有建立良好的产品形象，才能提升消费者对产品的认知价值。

2. 农产品定价的方法

（1）成本导向定价法。它是以产品成本作为定价基础。主要有以下 3 种方法。

成本加成定价法：成本加成定价法又称为"标高定价法""加额法"，以单位产品全部成本加上按加成比率计算的利润额。

变动成本定价法：变动成本定价法又称为"增量分析定价法"。其思路是，不考虑产品的固定成本，只要产品价格高于变动成本，销量增加就能导致总收入的增加，该价格就可以接受。

盈亏平衡点定价法：盈亏平衡点定价法是以企业总成本与总收入保持平衡为依据来确定价格的一种定价方法。

成本导向定价的一般流程是：生产产品核算成本→制定价格→传播价值→销售商品。

（2）竞争导向定价法。常见的竞争导向定价法，主要有以下 3 种。

随行就市定价法：随行就市定价法又称为"流行价格定价法"，是指在一个竞争比较激烈的行业或部门中，某企业根据市场竞争格局，跟随行业中主要竞争者的价格，或各企业的平均价格，或市场上一般采用的价格，来确定自己的产品价格的定价方法。

限制进入定价法：是指企业的定价低于利润最大化的价格，以达到限制其他企业进入的目的。它是垄断企业经常采用的一种定价方法。

投标竞争定价法：投标竞争定价法是指由投标竞争的方式确定商品价格的方法。一般由招标方（买主）公开招标，投标方

（卖主）竞争投标，密封递价，买方择优选定价格。

竞争导向定价的一般流程是：生产产品→参照竞争产品价格→制定价格→传播价值→销售商品。

（3）需求导向定价法。需求导向定价法又称为"顾客导向定价法""市场导向定价法"，是以顾客对产品的需求和可能支付的价格水平为依据来制订产品价格的定价方法。需求导向定价主要包括以下3种定价法。

理解价值定价法：理解价值定价法也称为"感受价值定价法""认知价值定价法"。这种定价方法认为，某一产品的性能、质量、服务、品牌、包装和价格等，在消费者心目中都有一定的认识和评价。当商品价格水平与消费者对商品价值的理解水平大体一致时，消费者就会接受这种价格；反之，消费者就不会接受这个价格，商品就卖不出去。

零售价格定价法：零售价格定价法又称为"可销价格定价法""倒算价格定价法""反向定价法"等。农产品经营企业根据消费者的购买能力，确定市场零售价格，以此为基础，推定销售成本和生产成本，决定出厂价格。这种定价方法不是主要考虑成本，而是重点考虑需求状况。

差别定价法：差别定价法是指同一产品对不同的细分市场采取不同的价格，是差异化营销策略在价格制定中的体现，是一种较为灵活的定价方法。实行差别定价法必须具备以下3个条件：企业对价格有一定的控制能力；产品有两个或2个以上被细分的市场；不同市场的价格弹性不同。

需求导向定价的一般流程是：测定理解价值→确定需求价格→估计销售量→核算产品成本→生产产品→销售商品。

3. 新产品定价策略

在农产品品牌创立阶段，合理的定价决定了新产品能否及时打开销路、占领市场，一般有3种策略可供选择。

(1) 撇脂定价策略。所谓撇脂定价是指在农产品上市之初,将新产品的价格定得很高,以获取最大利润,力求在短时间内收回全部成本,以后再随着销量的扩大和成本的降低,逐步降低价格。而在每次降价之前,企业已从不同层次的顾客身上获取了利润。这个定价策略就像从奶油中撇取油脂一样,又称为撇脂定价策略。

撇脂定价策略的优点:易于企业实现预期利润;便于企业掌握市场竞争及新产品开发的主动权;树立品牌农产品形象。

撇脂定价策略的缺点:在高价下,销路不易扩大;高价厚利易诱发竞争,使企业获得高额利润的时间较短。

撇脂定价策略的适宜条件:市场有足够的购买者,他们的需求缺乏弹性,即使把价格定得很高,市场需求也不会大量减少;高价使需求减少,但不致抵消高价所带来的利润;在高价情况下,仍然独家经营,别无竞争者。

(2) 渗透定价策略。所谓渗透定价策略是指企业把其创新的农产品的价格定得相对较低,以吸引大量顾客,扩大销售,提高市场占有率,实现盈利目标。这种策略常被以扩大销量,提高市场占有率为定价目标的企业所用。主要有高质中价定位、中质低价定位和低质低价定位3种形式。

渗透定价策略的优点:有利于迅速打开销路,提高市场占有率,有利于阻止竞争者进入,便于长期占领市场。

渗透定价策略的缺点:本利回收期长,在市场竞争中价格变动余地小,难以应付短期内骤然出现的竞争和需求变化。

渗透定价策略的适宜条件:市场需求对价格极为敏感,低价会刺激市场需求迅速增长;企业的生产成本和经营费用会随着生产经营经验的增加而下降;低价不会引起实际和潜在的竞争。

(3) 满意定价策略。满意定价策略是一种介于撇脂定价策略和渗透定价策略之间的价格策略。其所定的价格比撇脂价格低，而比渗透价格要高，是一种中间价格。这种定价策略由于能使生产者和顾客都比较满意而得名。有时它又被称为"君子价格"或"温和价格"。

满意定价策略的优点：比较稳妥，价格稳定，利润平稳，一般能使企业收回成本和取得适当盈利。

满意定价策略的缺点：比较保守，有可能失去获得高利的机会。

满意定价策略的适宜条件：一般产品都适宜采取这种定价策略。

(三) 营销渠道的建立

农产品营销渠道，是指农产品从生产者向消费者或用户转移过程中所经过的各个中间环节，即具有交易职能的商业中间人所连接起来的通道。渠道的两端是生产者和消费者或用户，起点是生产者，终点是消费者或用户，连接两端的组带就是各个中间环节，包括各种批发商、零售商、商业中介机构（交易所、经纪人等）等商业中间人。显然，由于批发商、零售商、代理商和经纪人的存在，各种商品或同种商品的营销渠道可以大不相同。不过，只要是从生产者到最终用户或消费者之间，任何一组与商品交易活动有关的并相互依存、相互关联的营销中介机构均可称作一条分销渠道。分销渠道犹如血液循环系统，如果渠道不畅通，消费者的需求就不能得到及时满足，社会的再生产过程就不能正常进行，产品的价值就不能实现。

1. 农产品营销渠道的基本模式

（1）农产品直销。直销是指以面对面且非定点之方式销售商品和服务，直销者绕过传统批发商或零售通路，直接从顾客接收订单。我国农产品传统销售方式一直是"萝卜白菜，拔地就卖"。农产品采用直接销售的方式很多，较为突出的是鲜活农产品的销售。例如，蔬菜种植户把生产的新鲜蔬菜直接销售给用户，养殖户在农贸市场上出售自己养殖的鸡、鸡蛋、猪肉、羊肉等；农产品加工企业直接向生产者采购农产品原料；用户直接到产地选购自己需要的农产品；生产者把农产品直接送到客户（旅馆、饭店）手中；农产品生产者利用网络直接与客户达成交易等。

①农产品订单直销：订单直销是由农产品加工企业或最终用户与生产者在安排生产之前，直接签订购销合同的直销形式。许多农产品如粮食、蔬菜、畜产品等，由于市场变化大，行情不稳定，加上产销衔接不好，影响了生产效益和农民收入的提高。如果先进行市场调查，根据市场需求订单安排生产，把农产品的销售逐步推上"订单"农业的轨道，不仅有利于农业结构的调整，加快农业产业化进程，而且，还解决了农产品的销售问题，为产销对接奠定良好的基础。例如，蔬菜、水果订单销售减少了流通环节和流通费用，促进了果农不断提高水果质量，发展优势水果品种，树立品牌。除上述鲜活农产品走订单直销形式外，其他农产品也有采用这种销售方式的。例如，粮食加工企业向农户直接下订单订购粮食，养殖大户订购饲料等，从初级农产品到加工制成品，都可以采用订单直销。"订单"农业不一定都是直销形式。如果是生产者与批发商或其他中介商签订订单，就不是订单直销的形式。

②休闲观光采摘直销：观光农业，是一种以农业和农村为载体的新型生态旅游业。近年来，人们发现，现代农业不仅具有生产性功能，还具有改善生态环境质量，为人们提供观光、休闲和度假的功能。随着收入的增加、闲暇时间的增多、生活节奏的加快以及竞争的日益激烈，人们渴望多样化的旅游，尤其希望能在典型的农村环境中放松自己，于是观光农业应运而生。城市中的不同消费群体纷纷涌向农村，自发参与农业观光采摘、吃农家饭、住农家屋、农耕体验活动，追求生活乐趣。这为农业产品的

销售创造了一个全新的市场。

③农产品零售直销：一些鲜活的农产品，如蔬菜、水果、水产品等，生产者在田间、地头、农贸市场直接把产品出售给消费者，或直接把农产品送到客户（旅馆、饭店）手中，都属于农产品零售直销。

（2）农产品间接销售。农产品间接销售是指连接农产品生产者与消费者的中间商（包括取得产品所有权或帮助转移产品所有权的企业或个人）介入的农产品交换活动。主要有以下几种形式。

①农产品代理商：是指能接受农产品生产者或农产品经销部门委托，从事农产品交易活动的组织或个人。农产品代理商只负责争取顾客或代表买卖方进行交易，不拥有商品所有权。

②农产品经纪人：农产品经纪人是指从事农产品收购、储运、销售以及代理农产品销售、农业生产经营信息传递、农业销售服务等中介活动而获取佣金或利润的经济组织和个人。

③农产品批发市场：农产品批发市场是专门为农产品批发交易提供场所和条件的平台，是我国农产品市场体系的重要组成部分，是农产品流通的主渠道和中心环节。农产品批发市场是农产品流通的主要市场类型，它将农民、农民经纪人、运销商贩、中介组织、农产品加工企业等生产与经营主体紧密地连接在一起。

（3）农产品网络营销。在农产品的生产、加工及配送销售过程中全面导入电子商务系统，利用信息网络技术，在网上进行信息的发布和收集，同时，依托生产基地与物流配送系统，在网上完成产品或服务的购买、销售和电子支付等业务的过程。

①无站点的农产品网络销售：在营销主体的实力还不够强大，经营规模偏小的情况下，考虑到建立网站和维护网站所需的巨大投入，农户或农产品经营企业可以不用自己投资兴建网站，

第五章　农产品品牌建设流程

而是优先选择在农业专业网站上发布供求信息（如农产品加工网、农产品市场信息网以及一些政府农业管理部门的官方网站）。这样既达到了发布信息的目的，又能够节约成本。实践证明这种营销策略在当前农产品营销主体实力不强，而农业专业网站有一定发展时，不失为一种有用、有效、务实的选择。

②基于站点的农产品网络销售：当营销主体实力强大到一定程度时，为了企业的长远发展，可以建立宣传型的农产品网站或利用京东、阿里巴巴、淘宝、天猫等第三方平台建立自己的农产品网上店铺。

a. 网上零售 C2C　与专业发布农产品供求信息的农业网站及专业的农产品交易网不同，淘宝网等网站作为国内领先的个人交易网上平台，与普通消费者亲密接触的机会要多，把农产品放到此类网站上进行销售更有助于农产品走进普通消费者的购买决策圈，使产品可以不受地域的限制在更大范围内开拓市场，更为有力地推动农产品的零售批发。

b. 基于第三方交易平台的 B2B 农产品营销模式　第三方交易平台的发展激励了各行业参与电子商务的热情，一些个体农户和农业企业利用第三方平台供求信息服务出售农产品，拓宽了传统交易市场，降低部分产品的市场推广和销售沟通的成本。这些第三方交易平台既有专门服务于农产品交易的，如山东寿光农产品交易网，也有跨行业的第三方交易平台，如阿里巴巴。该模式的网络营销表现为一定的随机性，根据农产品产出和用户捕捉市场信息的能力选择信息服务平台，具有随季节和气候年份不同而产生的波动性。

c. 建设政府农业网站开展 B2G2C 服务　省、市、县各级政府以当地农业部门为主体建立农业网站，开展 B2G2C 服务。该模式以政府部门为主导，帮助中小型农业企业参与面向批零市场的终端消费者提供农产品，其目的是保障当地农产品的流通，并通过发布信息和在线咨询引导企业或个体生产者生产符合终端市场的产品。

(4) 农产品其他销售渠道。

①农产品超市营销：农产品从田间到餐桌的流通渠道越来越丰富了，除了批发市场、农贸市场外，通过超市进入百姓家，逐渐成为农产品流通的一个重要渠道。越来越多的零售巨头都开始了直供模式的对接，以不同方式吸引农户与之合作。零售巨头们与优质农户的合作有其深远意义："农超对接"可以使农民提高市场适应能力、鼓励和引导标准化及规模化生产，不仅能够促进产业链优化，提高食品安全水平，而且可降低农产品营销成本，保障供货量，是卖场的核心竞争力所在。

②农产品期货交易：期货交易是在现货交易的基础上发展起来的，是通过在期货交易所买卖标准化的期货合约而进行的一种有组织的交易形式。在期货市场中，大部分企业买卖期货合约的目的是为了规避现货价格波动的风险，而大部分投资者则是为了博取价格波动的差额。随着现货生产规模的扩大，不断有新的期货品种出现，除小麦、玉米、大豆等谷物期货外，棉花、咖啡、可可等经济作物，黄油、鸡蛋以及后来的生猪、活牛等畜禽产品期货也陆续上市。

③农产品拍卖交易：农产品拍卖是指通过现场公开或密封出价拍卖，将组织来的农产品，逐批次限期拍卖给最高应价者。现有拍卖形式主要分为 2 类，一类是电子拍卖，是指专业化拍卖机构受供货商委托，通过先进的电子拍卖系统、电子屏幕、网络设备和电子结算设备，以购买商按键竞拍的形式拍卖农产品；另一类是传统离线拍卖，是指在综合性拍卖机构的常规拍卖会上，由购买商举牌应价，拍卖师将供货商委托的农产品公开叫价落槌的交易方式。

2. 如何构建渠道模式

（1）从销量考虑做精耕。把销售放到第一位，重点找出那些能有效增加销量的渠道，做精做细，做成自己的强势渠道。

（2）从职能考虑做布局。除了销售职能外，不同渠道还有各自独特的营销职能。例如，超市渠道的品牌推广、品牌形象展示等职能，所以，成为渠道，除了重点做能产生销量的渠道外，要从渠道的功能出发，考虑渠道之间的相互影响和对品牌价值的贡献，整体做好渠道布局，实现渠道组合。

（3）从战略上考虑做创新、做尝试。随着互联网和社交网络的发展，渠道创新的形式更多样化、创新空间更大、成功的概率也较大，但不确定性也增加了，所以，企业一定要在渠道上敢于创新、积极尝试，观望只会错失新机会。

五、农产品品牌文化内涵的确定

随着品牌农产品的投放市场，消费者对品牌农产品会形成品牌认知，品牌认知的内容不仅是其外在的品牌识别系统，还有内在的农产品品牌文化。所以，品牌农产品上市后，农产品品牌文化就随农产品的上市开始逐步形成并且传播。农产品品牌文化是与农产品历史渊源相适宜的个性化品牌形象，是农产品品牌中的经营观、价值观、审美观等的体现，是在农产品品牌定位的基础上，确定品牌核心价值，扩充其价值内涵，并利用各种传播途径，使消费者在精神上对其产生一种情感依赖和联想，从而形成一种天然的文化氛围。在农产品品牌塑造过程中，品牌文化作为最核心、最不易被模仿的部分，在品牌建设中发挥着巨大的作用。

农产品品牌文化的建设，是农产品经营企业将现有文化资源进行挖掘、整理、凸显的过程。农产品品牌文化的内涵挖掘可以从农产品所处的自然地理环境、历史、人文三方面同时进行挖掘。地理因素具体表现在地理环境、土壤、气候、光照、湿度等生态条件方面。在梳理自然、地理条件时，可从特征、优势、利益到证据的思路来进行梳理。历史因素，如地理标志价值的形成，往往需要有关地理区域的生产者几十年、上百年甚至更长时间的努力和拼搏，是历史沉淀的产物。历史积淀下来的精华，具有无与伦比的竞争优势。像代表"功夫茶文化"的安溪铁观音，是乌龙茶中的极品名茶。安溪是铁观音茶的发源地，迄今有270年的历史。人文因素，区域农产品的生产、加工往往体现着当地居民的传统知识，承载着当地居民的知识创造，从而形成有关农产品的传统生产方式和制作工艺，该产品往往具有物态符号。如"云南普洱茶"，它体现了云南民族文化中包容性、开放性和兼容性的特点，其特殊的制作工艺和皇家贡茶的历史光环及适应现代崇尚健康审美的时尚特色，赋予了普洱茶多元文化内涵和独特的文化韵味。人文要素还体现在组织的独特文化价值、独特的精神、独特的服务特色和服务理念、独特的历史文化传统、组织的独特能力、独特的消费信念、独特的价值理念等。作为农产品品牌创立阶段的重要内容，农产品经营企业应该努力将农产品品牌的文化内涵确定下来，以便在传播过程和品牌提升过程贯穿始终，使消费者对品牌文化的认知始终统一，便于消费者识别。

农产品品牌创立阶段品牌建设要素的特点。品牌建设各要素在品牌创立阶段也有其自身特点，这些特点主要体现如下：第一，质量满意度达到规划要求。因为这一阶段农产品品牌建设还处在起步阶段，品牌的质量标志、地理标志、种质标志还可能未注册成功。这个阶段是农产品品牌建设的关键时期，是消费者对品牌产品质量、定位、文化等质量要素的印象形成期，企业要精选优质产品投放市场。第二，价格竞争力处于弱势。这一时期企业管理成本、品牌推介成本都很高，而企业收益很小，这种情况下的价格竞争力将是较弱的。第三，品牌联想美誉度没有形成。

这个时期农产品刚刚投放市场，品牌在消费者中还没有形成美誉度和联想度，企业应该踏踏实实进行美誉度建设，逐步实现好的联想效果。第四，品牌知名度方面处于较低水平。刚刚开始的品牌推广，几乎是从零起步，消费者的提及知名度和未提及知名度都很低。

第三节 农产品品牌培育阶段

一、品牌质量管理

日本、德国等企业为了提高其产品的竞争能力，特别注意产品质量管理。在这种情况下，质量管理不是生产组合的一部分，而是农产品经营企业品牌建设的一部分。

(一) 产品质量的重要性

产品质量所代表的是产品表现其功效的能力，是反映产品的实用性、耐用性、可靠性以及其他重要属性，从营销的观点看，质量应当以消费者的感觉来衡量，是竞争力的源泉。优良的质量对企业赢得信誉、树立形象、满足需要、占领市场和增加收益都具有决定性意义。随着市场经济的发展，我国各界都更加重视产品质量问题。1992年在全国范围内掀起打假热，中央电视台举办了"中国质量万里行"的活动，把每年"3·15"定为消费者权益保护日等，这些不仅对保护消费者权益是十分有益的，而且使企业增强质量意识。国家监督抽查是国家对产品质量进行监督检查的主要方式之一。产品质量国家监督抽查是由国务院产品质量监督部门依法组织有关省级质量技术监督部门和产品质量检验机构对生产、销售的产品，依据有关规定进行抽样、检验，并对抽查结果依法公告和处理的活动。国家监督抽查分为定期实施的国家监督抽查和不定期实施的国家监督专项抽查两种。定期实施的国家监督抽查每季度开展一次，国家监督专项抽查根据产品质量状况不定期组织开展。企业要真正地、长期地在市场上站住脚，必须有高质量的产品。国内外一切精明的、成功的企业家，都毫无例外地重视自己产品的质量，并不断设法提高产品质量。保证产品质量，是企业长久获得信誉的根本保证，获得信誉才能获得稳定的市场份额。

（二）产品质量信息的传播

产品质量包含两方面的含义：一是指相应的技术要求，即产品按规定履行功能的能力，即质量标准，如"三品一标"的认证；二是功能水平，即质量水平。

企业不仅要正确地建立产品质量标准和确定质量水平，而且还要把有关产品质量的信息准确及时地传递给消费者，使消费者接受和认可，事实上，从营销上讲的产品质量是指企业提供一种比竞争者更能满足消费者需求和质量偏好的产品，它是以购买者的感觉来衡量的。

1. **质量信息的传播可借助人们习惯的信号和特征来实现**

如利用产品质地和外形，美国一家割草机制造商特意把割草机设计成声音较大，因为买主往往认为声音大的马力也大。

2. **质量信息传播通过营销组合的其他要素支持**

如以高价格显示产品高质量，华贵的包装显示产品的高档次、分销渠道、广告宣传都可用来传播产品质量水平。但是，如果这些营销组合的要素运用不当，也可损害产品形象。如我国在20世纪80年代初生产的一种珍珠霜畅销于中国香港市场，但为时不久，厂家急功近利，滥用分销渠道和大量低价倾销，破坏了产品形象，断送产品前途。

（三）质量策略

企业除决定产品的最初质量外，随着市场形势的变化，还要管理好产品质量，作出必要的调整，对此有以下两种策略可供选择。

1. **不断提高产品质量，创名牌，保名牌**

这种策略可持久地保持较高的市场占有率和投资收益率。国际市场上的名牌产品大多采用这种策略，把产品质量看作企业的生命线，万分珍惜产品的品牌形象，宁可牺牲眼前利益，也要确保质量始终优良，创出名牌，保持名牌。海尔集团生产的海尔冰箱被人们称之为"砸"出来的名牌，当年，受命于危难之中的新厂长，在全厂职工大会上抡起大铁锤，砸向不合格的冰箱，在职工们"不要砸了，低价处理了吧！"的哀求中，厂长坚决地命令："全砸掉！不允许有一台不合格产品出厂！"这铿锵有力的话语成为全体员工的誓言，扎根在海尔人的心中，落实在全体员工的行动上，100%的开箱合格率使海尔冰箱成为消费者信得过的名牌产品。应当指出，"名牌"不等于"高档"，高、中、低档的产品，每个档次可以有自己的优质产品和优质服务，也都可以有自己名牌。

2. **保持产品质量不变**

当产品质量已达到一定水平并受到顾客好评时，应努力保持原有质量稳定不变，除非发现重大缺陷或更好的机会，许多著名食品、饮料、药品，都采用这种策略，如我国同仁堂的传统中药，数百年不变。

有些企业创出名牌之后，采取偷工减料办法降低产品质量，或放松质量控制，粗制滥造、以次充好，一味追求产量，虽可获一时之利，但这样既损害了消费者利益，也损害了企业自身的声誉和形象，从长远看，是不可取的。

二、农产品促销

农产品促销是指农业生产经营者运用各种方式方法，传递产品信息，帮助与说服顾客购买本企业或本产地产品，或使顾客对该品牌产品产生好感和信任,以激发消费者的购买欲望,促进消费者的消费行为,从而有利于扩大农产品销售的一系列活动。

(一) 农产品促销的类型

1. 人员促销

人员促销是指企业通过派出销售人员与消费者直接对话和沟通,传递产品或服务的信息,促进和扩大销售的策略。人员促销采取主动出击的方法,把产品推向市场,能为消费者提供详细的说明,有利于树立企业形象,建立良好的信誉,对潜在的购买者进行面对面的说服工作。人员促销具有可选择性和灵活性以及能传递复杂信息、能面对面洽谈和能及时获得市场及消费者信息等特点。面对面的交往有利于发展与消费者的长期关系,通过探讨购买问题来促成交易的实现。人员推销的缺点是对推销人员自身的素质要求较高。

2. 广告促销

广告促销就是通过电视、广播、报纸、杂志和网络等各种广告媒介,将产品或服务信息传递给消费者的一种推销方式。广告是一种收费公告,通过特定的媒体传播商品或劳务的信息,促进产品销售或服务。广告的对象是广大消费者,是一种大众传播手段,其目的在于促进销售,获取利润。农产品广告最多的是供求广告,主要以调节农产品总量余缺为目的,卖方寻找客户,买方寻找货源。供求广告的内容包括商品名称、数量、价格、交货地点和联系方式等。由于供求广告的内容简短,广告费用低,在各地被广泛采用,客户很容易根据广告提供的信息与买方达成交易。

使用广告促销有一些明显优势,因为面对的受众多,宣传范围广,影响大,可以反复使用。广告促销的缺点是单向的沟通,不能直接回答消费者提出的问题并对信息进行及时反馈。

3. 营业推广

营业推广是企业在一定时期内，采用特殊方式对顾客进行强烈刺激，以激发顾客强烈的购买欲望，促成迅速购买的一种促销方式。简单地讲，这是一种直接刺激消费者以求短期内达到效果的促销方法。

作为一种促销方式，营业推广与其他促销方式相比，最根本的特点是与日常销售活动紧密配合，产生"短、高、快"的销售效果。这种促销方式具有见效迅速，形式灵活的特点。

4. 公关促销

公关促销是指企业为了实现自己的目标，在市场营销活动中，经常主动与社会公众保持双向的信息交流，采取一系列社会活动，扩大产品的知名度、建立消费者对品牌的偏好。在发生某些特大新闻事件时，在宣传媒体上刊登介绍性的文章或采取捐助、赞助等形式，争取社会公众的赞许和社会舆论的支持，以树立企业的良好形象，从而达到人大促进产品销售的目的。

公关策略的开展有助于提升企业形象，帮助企业化解危机，密切企业与社会的联系。其主要内容包括支持各项公益活动，主动与有关部门沟通，举办新闻发布会，印发文字、画册等宣传品，处理消费者意见，组织消费者、社会公众参观产品生产、研发，向他们介绍生产环境和产品对社会的贡献等。同时，还可以利用公关手段将名人促销、好奇促销、赞助促销、体育促销、教育促销等各种各样的促销活动结合起来，使它们共同发挥作用，以扩大影响，增加销售额。

5. 展览促销

展览促销就是利用各种展览会进行产品展览宣传，以达到扩大影响、提升农产品形象、增加销售的目的。各种农产品展销会大多是由行业组织在政府支持下举办的，适合农产品企业宣传、促销自己的农产品。在各种展览会上进行产品展示，能将实物产品直观形象地展示在消费者或采购团面前,给消费者以选择的实际感,所以,它以"短、平、快"和集中影响的宣传促销效果吸引众多的厂家、商家和广大消费者。例如,山东省寿光的"蔬菜博览会",杨凌农业高新科技成果博览会等每年都会吸引大批客商前往参观洽谈,通过各种推荐会、贸易订货会等,有力地提高了地方农产品的声誉和知名度,扩大了销售,提升了地方农产品的品牌形象,促进了地方农业和农村经济的发展。

(二)农产品广告设计策略

1. "绿色"概念注入广告

20世纪80年代,美国等西方国家先后出现了以保护环境为目的的绿色组织。这些绿色组织在全世界传播绿色消费观念,掀起了一股世界性的绿色消费热潮,绿色广告就是这股热潮中的产物。绿色广告以绿色产品和绿色消费观念为推广主体,宣扬生态保护、资源节约、适度消费的绿色消费观,追求人与自然、经济、社会和谐发展的新型广告理念。

将"绿色"作为农产品广告的诉求点,通过展现农产品的绿色元素,不仅塑造产品的绿色无污染性,也能塑造出积极向上的企业形象,提高企业的美誉度和竞争力。绿色农产品广告的创意在于突出农产品的绿色要素,有效地消除消费者的一些顾虑,并产生试试的念头。

在广告的具体创作中,绿色信息不能是空洞和抽象的。有效的绿色农产品广告应着重强调产品某一具体的绿色特征,如产品"无农药喷洒""非转基因"或"绿色牧场放养"等。一般而言,绿色特征越具体,其说服力越强,广告的促销效果越好。

2. 文化包裹广告

在对农产品(企业)的广告宣传中渗透文化活动,以文化创新方式"嫁接"农产品(企业),赋予其勃勃生机。从表面来看,农产品的消费是生产者与购买者之间的矛盾,深层次是文化传统、文化观念及文化潮流等文化差异影响消费者的购买和消费行为。因此，农产品的促销活动离不开文化背景。文化作为人类社会生活中建立起来的价值观念、道德观念、审美情趣和生活意义的综合有机体，强烈地影响人们的社会生活和日常行为。

在农产品信息的传递过程中，农产品的产地、特色、营养成分、使用方法等常常被详细介绍，而农产品的历史、文化等被很多农产品生产经营者所忽视。在很多名特优农产品的背后都有一段特别的传奇和故事，作为生产经营者其实不仅在销售农产品本身，也是在销售和推广一种文化、一种理念和一种生活方式，因此，农产品广告可以从文化诉求的角度进行信息传递，以吸引消费者的注意和购买。

3. 情感渗入广告

"大脑总是偏向于情感，而不是理智"，这是哈佛商学院杰格尔德教授的一项研究结果。农产品广告当中，必须要将产品融入消费者的情感当中。在农产品信息的传递过程中，将中国传统文化中的一些情感融入进去，以此作为诉求点，增加消费者的认同感。四川香浓米业的网站信息："最难得的是家人团聚，哪怕是一碗白米饭都有家的滋味！"这则广告恰到好处的挖掘了中国传统文化中家的感觉，而家的感觉、家人团聚都通过回家吃饭这个普通而平常的行为来体现，最后家的感觉归结到一碗白米饭。这则广告以平易朴实的亲情来吸引受众，从而增强了对香浓米业的好感和记忆。

4. 幽默元素加入

幽默的表达是指运用理性倒错，寓庄重于谐趣之中的表现手法，造成诙谐幽默效果，引起受众乐趣，并在此心态中认知广告意向的广告表现形式。幽默的表现手法则运用饶有风趣的情节，将某种需要延伸到漫画式的程度，造成一种充满情趣、引人发笑而又耐人寻味的意境。幽默由于符合现代人快节奏压力下寻求心理轻松和平衡的精神追求,而越来越广泛引起受众注意和青睐。

5. 适度运用明星效应

目前,明星代言商品已经司空见惯。各式各样的产品都找来明星代言,借助于明星在大众心中特有的位置,树立企业品牌形象,达到产品扩大销售目的。农产品广告中最常见的明星代言的产品就是化肥,如陈佩斯做的史丹利化肥、宋丹丹做的沃夫特复合肥。明星代言也讲究一定的规则,什么样的产品选择什么样的明星代言,要考虑产品的特性以及产品的主要消费人群等各个方面。首先要考虑明星的喜好人群与产品的目标受众是否吻合;其次考虑明星的内在气质与品牌的内在气质是否搭调。此外,明星的个人品质是否可靠,明星的代言费用是否在承受范围之内也必须加以考虑。

三、价格调整技巧

产品在确定价格以后,由于经营环境不断发生变化,经常需要对价格进行调整。调整价格的主要原因有两种:一是市场供求环境发生了变化,企业认为有必要对自己产品的价格进行调整,即主动调价;二是竞争者的价格发生了变动,企业不得不作出相应的反应,以适应市场竞争的需要,即被动调价。

1. 降价的原因

(1) 经营者在加强促销、产品改进等手段都不能达到扩大销售的目的时考虑降价。

(2) 经营者面临激烈的价格竞争并且市场占有率正在下降时,为了增加竞争能力、维持和提高市场占有率,必须降价。

(3) 经营者为应付竞争者降价压力,采取"反价格"战,即制定比竞争者的价格更有竞争力的价格。

(4) 经营者产品成本低于竞争者但在市场上并未处于支配地位时,也应该降价。通常降价可以提高经营者的市场占有率,再利用销量的增加和生产的扩大,进一步降低成本和提高市场占有率,形成良性循环。

(5)在宏观经济不景气或行业需求不旺时,降低价格是经营者借以渡过难关的重要手段。

2. 降价的技巧

(1)"零头"降价技巧。即根据消费者的求廉心理,将产品的整数价格变为尾数价格。例如,将产品价格定位 0.98 元,而不定为 1 元;定位 98 元,而不定为 100 元等。

(2)弹性降价技巧。即根据购物的不同数量,确定不同降价幅度的一种降价技巧。例如,一次购物在 100 件以内,产品按原价出售;一次购物 100~500 件,按原价的 95% 出售,等等。产品的弹性降价技巧,一般也称产品的折扣定价技巧,它可促使购买者多购商品。

(3)自动降价技巧。例如,美国一家商店规定,店内出售的商品如 12 天后卖不掉,就自动降价 25% 出售;再过 6 天卖不出,就自动降价 50% 出售;再过 6 天卖不出,就自动降价 75% 出售;再过 6 天卖不出,就将商品送人或抛弃。该店这样做,开始时亏了本,但时间长了,受到了消费者的普遍欢迎。

(4)自行降价技巧。一些易腐变质、当天必须售完的商品,如蔬菜、瓜果、鲜鱼等,若上午未售完下午就应自行降价,若下午仍未售完商店即应及时处理。

(5)赠送降价技巧。企业为吸引消费者购买商品,一般采用以下 3 种赠送降价技巧。

①搭配奉送:即顾客买一样东西,店方送一个小纪念品。

②配套发奖:即顾客在店里买东西,可凭发票到指定地点领奖。奖品大都是一些实用的或有纪念意义的物品。

③减价优惠:即顾客买了东西后,可得到商店所发的优惠券,顾客凭券可在指定柜台买到低价的商品。

(6) 逆反降价技巧。一般情况下,商品降价出售,总是由高到低,如100元降为90元。但有的企业在对商品进行降价时,却打出"100元可买110元商品"的广告。这种降价技巧,从表面上看,与"100元商品卖90元"没有什么差别,但仔细一想则不然。

折扣的大小不同。"100元商品卖90元",折扣价为商品价格的90%;"100元买110元商品",折扣价为商品价格的90.91%。两者相差0.91%,即后者的折扣比前者略低,企业可增加约1%的利润。

消费者的心理反应不同。"100元商品卖90元",消费者的直觉反应是削价求售,而"100元买110元商品",即使消费者产生了货币价值提高的心理反应,产生"与商品降价无直接关系"的错觉。

实现的销售收入不同。在销售情况大致相同的情况下,"100元商品卖90元",一次实现的销售收入为90元;"100元买110元商品",一次实现的销售收入为100元。显然,后者比前者高出10元。

(7) 部分降价技巧。为吸引消费者购买,可在企业出售的商品中挑选具有代表性的一两种商品进行降价,或者降低消费者敏感性较强的商品的价格。这样,既可直接吸引顾客前来购物,还可起到让顾客在购买降价商品的同时,也购买其他非降价商品的作用。

(8) 全面降价技巧。1987年,杭州市解放路百货商店在报纸和电视台登出一则广告:"凡本店出售的商品,其价格一律低于杭州市同类商店。如果有顾客买到的商品价格高于本市同类商店,均可持货物和单据到本店领取高出部分的差价。"在这里,该店就是采用了全面降价(低价)的技巧。从表面来看,商店似乎减少了利润,其实并非如此。该店采用此法后,前来购物的人日渐增加,当月销售量就比上年同期上升45.7%,资金周转加快10.36天,利润增长4.88%。

3. 提价的原因

(1) 成本增加对盈利影响很大,需要提高价格。任何农产品定价都离不开成本,如果脱离成本空谈定价,那农产品经营企业的盈利将难以保证。所以,成本增加,产品的价格应该相应提高;否则,该产品就应该逐渐退出市场。

(2) 经营者的产品供不应求,无法满足所有消费者的需要,通过提价可将产品卖给需求度最大的消费者,不但平衡了需求,而且也增加了利润。

(3) 农产品提价和天气的关系。例如,天冷了蔬菜生长也缓慢,产量小了一点。当然,也不排除因利所致等人为因素。同时,目前缺乏大型蔬菜批发市场,大型蔬菜类农产品经营企业在主要农贸市场上也没有直销网点,市场的蔬菜摊点少且过于集中,中间环节多了,价格也比较高。

4. 提价的技巧

(1) 提价的幅度要适宜。产品提价的幅度不宜过大,一般应控制在这样的水平上:一是不宜高于企业生产经营费用增加的幅度;二是不宜高于同类产品企业提价的幅度。

(2) 提价的形式要灵活。可对产品直接提价,如从2元直接提到2.2元;可对产品间接提价,如改变结算方法、减少折扣,也可对产品搭配提价,如一种产品提价,可与另一种产品降价相配合。

(3) 提价的手法要巧妙。有些产品可通过改变其形状、材质、包装等手法提价,使用户易于接受。有些产品可通过增添附加物或增加服务项目,或赠送礼品等方法提价,使用户感到实惠。

(4) 选择好提价的时机。对产品性能改进等造成的技术性提价，应在用户需求量最迫切、反感程度较小的时候提价。

（5）控制提价的次数。产品提价要尽可能一步到位，不宜分步到位。在一定的时间内（如一年），企业产品提价的次数不宜多于一次，否则，容易遭到消费者的抵制。

（6）提价后要进行情况跟踪。产品提价后，企业营销部门，要对用户进行跟踪调查。调查的内容主要有：第一，用户对产品提价的承受能力。这种能力可称为产品提价的适宜程度。第二，消费需求的转移情况。一种产品提价，往往会使该种产品的相关产品或代用品的销量增加，如肥皂提价会使洗衣粉销量上升。由此可反映出该产品提价与相关产品或代用品价格之间的关系，从中分析产品提价的合理性。

（7）价格的回落要慎重。随着企业外部环境的改变和内部条件改善，产品提价后，企业还要适时考虑价格的回落，设法将提高的价格再降下来。要回落价格，就要做好两项工作：一是挖潜。企业只有通过挖潜，大搞技术革新，提高劳动生产率，才能减少消耗，降低成本，使价格回落建立在可靠的基础上。二是慎重。国家定价的产品，其价格也不宜大起大落，否则，会损害企业的形象。

农产品品牌建设的培育阶段是品牌建设的实质性阶段。品牌培育阶段是在规划、创立等基础工作完成以后，相对单纯的品牌要素建设工作，同时，也是农产品品牌建设时间最长、影响最广、难度最大的阶段。说其相对单纯，是因为除本阶段之外的其他阶段除培育品牌建设要素之外，还需要伴随程序性任务。例如，在品牌规划阶段，虽然品牌建设要素是主要规划的内容，但产品选择、环境分析等一系列的程序性工作都需要完成；在创立阶段也有品牌注册、产品投放市场等程序性工作需要完成；在最后的扩张阶段也有品牌延伸、品牌国际化等更高一层次的任务需要完成，唯独在品牌培育阶段，其工作内容只有品牌要素的建设,基本不需要伴随其他程序性任务。这一时期的品牌建设要素特点表现在以下几个方面:第一,质量满意度开始形成。农产品的质量标志、地理标志、种质标志注册逐渐完成,消费者选择的依据更加清楚,农产品质量的保障措施趋于完善,农产品品牌总体水平趋于稳定。第二,价格竞争力增强。企业已经有一定的资金实力、消费者对品牌定位已经形成可以开展一定的竞争导向定价策略。第三,品牌联想美誉度逐步建立。已经具备一定的联想美誉度,且联想美誉度的水平逐步上升。第四,品牌知名度有了一定的基础。随着品牌建设过程的不断深入和品牌传播时间越来越长,品牌知名度也是越来越高。

第四节 农产品品牌扩张阶段

一、农产品品牌保护

美国著名的广告研究专家莱瑞·赖特(Larry Light)曾经非常经典地指出:"拥有市场比拥有工厂更为重要,而拥有市场的唯一办法就是拥有占有统治地位的品牌。"这句经典名言中"拥有"的含义既有获得,还有保护。农产品品牌的规划、创立和培育阶段是农产品品牌的获得过程。在获得品牌后,只有做好品牌的保护工作,才能真正拥有品牌。当农产品经营企业的品牌有了一定的知名度,特别是当农产品品牌成为名牌以后,怎样有效地对企业的品牌加以保护,无疑是每一个拥有农产品名牌企业所面临的艰巨的任务。品牌保护是对品牌的名称、标志、图案及其体现品牌个性的所有标志性要素进行保护的过程。

农产品品牌保护可以通过以下措施来实现:第一,保护农产品注册品牌名称与标志。可以通过多注册一些与本企业推广的品牌名称与品牌标志相同或相近的品牌名称标志,使得其他人不能注册与本企业相同或相近的商标。第二，保护品牌注册的农产品范围。多注册一些产品种类，为以后本企业的品牌延伸提供空间。第三，保护品牌注册的领域。在尽可能广泛的区域内进行注册，甚至可以提前到国外进行品牌注册。第四，实施驰名商标的保护。因为，按照国际惯例和我国法律，驰名商标的保护不仅限于相近种类的产品，还保护相近产品以外的产品。第五，实施商标和品牌质量认证双保险的品牌保护。广义农产品品牌包含农产品质量标志，农产品质量认证标志的标签是政府或授权机构控制的，认证标志受政府的监督，假冒者获得认证标签的难度较大、成本较高。第六，慎重使用品牌许可策略的保护。品牌许可经营要慎重，避免因许可、授权经营造成品牌使用的泛滥。第七，还有注意品牌产品的营销渠道管理，注重打击假冒品牌等损害企业品牌形象和利益的行为，第八，珍惜品牌形象，保持产品质量。当产品销路好的时候，要居安思危，未雨绸缪，注重新产品的开发。还有的经营者认为产品销路不错，就开始缺斤少两，偷工减料，产品质量下降，导致消费者转而选择其他替代产品，错失市场机会。

二、农产品品牌延伸

品牌延伸是指农产品经营企业采用现有成功的品牌，将它应用到新产品经营的全过程，农产品经营企业在激烈的市场竞争中，持续地推出新产品是赢得竞争优势的根本途径；把原有品牌资产发扬光大则是事半功倍的谋略。我国的农产品经营企业虽然在品牌运作方面整体起步较晚，但也有一些品牌已经步入稳定发展阶段，有必要也有条件和能力实施品牌延伸策略。

（一）农产品品牌延伸策略的特殊意义

对农产品经营企业来说，应用品牌延伸策略有许多积极意义。主要表现在如下几个方面。

1. 品牌延伸有利于新产品快速进入市场

利用原有成功品牌的知名度，可以迅速提高消费者对新产品的认知率，减少了新产品推出的费用；同时，它可以加快新产品的定位，保证新产品投资决策的快捷准确，从而推动新产品及时进入市场。

尽可能缩短新产品进入市场的时间，对企业来说尤为重要。品牌延伸就是利用"搭乘品牌列车""借船出海"，使该产品快速得到消费者的认同、接受并产生品牌联想，促进新产品快速进入市场。对消费者来讲，一旦认同某品牌，认为其具有较高的社会信誉、较强的亲和力，便很容易将这种亲和力、忠诚度"复制"和"转移"到该品牌的新产品上，产生"爱屋及乌"效应，同时，消除消费者对新产品的排斥、生疏和疑虑心理，以最短时间接受新产品。

2. 满足消费者不同需求

品牌延伸给现有的品牌带来新鲜感和活力，拓展了经营领域，满足消费者的不同需求，形成优势互补，给消费者提供更多的选择。一般消费者对品牌的忠诚度是有限的，通常消费者对其他同类型的知名品牌都有试一试的心态。要防止消费者的品牌转移，就要研究消费者在该领域的不同需要。

3. 有利于品牌价值最大化

成功的品牌是企业巨大的无形资产，是企业经过多年奋斗的回报。在珍惜保护名牌的前提下，充分利用这笔资产为企业谋取利益是每个企业的心愿。恰当的品牌延伸可以尽量地减少品牌价值的浪费、闲置和损失，品牌延伸能为新产品争取到更多的货架面积，容易获得经销商的认可，增加零售商对生产商的依赖，在销售领域为农产品经营企业赢得竞争优势。

同一品牌的新产品，可为原有的品牌带来新鲜感和成长感，使品牌所蕴含的意义更加规范、丰富，也使消费者对产品的选择更加完整，有利于扩大市场占有率，如可口可乐公司在"可口可乐"基础上推出了"健恰可口可乐""零度可口可乐""樱桃可口可乐"等系列产品，为可口可乐家族注入了新的活力，极大地丰富了消费者的选择。统一集团在统一绿茶、冰红茶基础上又推出全新的茶饮料"小茗同学"，得到了消费者的青睐。

品牌延伸到新产品后，新产品如果得到消费者的认可和接受，必将强化消费者对原有产品的认同感，提高企业产品市场占有率。这样同一品牌下的不同产品相互声援，有助于塑造企业品牌的整体形象，从而获得更大的经济效益，实现品牌价值最大化。

4. 有利于企业开展多元化业务，分散经营风险

农产品经营企业由原来单一的产品结构、单一的经营领域，向多种产品结构、多种产品经营领域发展，有利于分散企业经营的风险。一方面，巨大的品牌效应可以使新产品一投放市场就抢占较大的市场份额，反过来又促使企业规模化生产，从而降低企业的生产成本，取得价格优势，这又会进一步扩大市场规模，使企业发展步入良性循环。另一方面，拥有名牌的企业不仅可以使用自身的力量实现品牌延伸，而且可以通过向没有名牌的企业输出品牌，实现名牌延伸，迅速达到企业实现多元化经营的战略目标。

(二) 农产品品牌延伸的基本策略

1. 向上延伸

这种策略是指农产品经营企业以低档或中档产品进入市场，之后渐次增加中档或高档产品，这种策略有利于产品以较低的价格进入市场，市场阻碍相对较小，对竞争者的打击也较大。一旦占领部分市场，向中、高档产品延伸，就可获得较高的销售增长率和利润率，并逐渐提升企业产品的高档次形象。例如，"好想

你"枣片在原来普通包装的基础上推出礼品装（精装或者豪华包装等）。

向上延伸策略会使企业面临一定风险：一是顾客可能对企业生产经营高档产品的能力缺乏信任；二是高档产品可能促使原生产高档产品的竞争者采取向下延伸策略，从而对本企业原低档产品形成竞争压力。

2. 向下延伸

这种策略与向上延伸策略正好相反，是指农产品经营企业以高档产品进入市场后逐渐增加一些较低档的产品，此策略有利于公司或产品树立高档次的品牌形象，而适时发展中、低档产品，又可以躲避高档产品市场的竞争威胁，填补自身中、低档产品的空缺，为新竞争者的出现设置障碍，并以低档、低价吸引更多的消费者，提高市场占有率，例如，"好想你"枣片在原来礼品包装的基础上推出普通包装或者更为简单的包装商品等。这种策略的优点是有利于占领低端市场，扩大市场占有率；缺点是容易损害核心品牌形象，分散核心品牌的销售量，甚至在核心品牌的消费族群中留下负面印象，同时，迫使竞争对手转向高档产品和新产品的开发，对本企业高档产品形成竞争压力。

3. 双向延伸

这种策略是指生产中档产品的农产品经营企业，向高档和低档2个方向延伸。有利于形成企业的市场领导者地位，而且由中档市场切入，为品牌的未来发展提供了双向的选择余地，例如，"好想你"枣片在原来普通包装的基础上推出礼品装（精装或者豪华包装等）的同时也推出更为简单包装的枣片，这种策略的优点是有助于更大限度地满足不同层次消费者的需求，扩大市场份额；缺点是如果企业盲目地双向延伸，使得有限的资源不足以支持高、中、低档产品系列，则会顾此失彼，在竞争中处于被动地位。

4. 单一品牌延伸策略

这种策略是指农产品经营企业在进行品牌延伸时，无论纵向延伸还是横向延伸都采用相同的品牌，品牌名称、商标、标志等品牌要素都不改变。这种做法的好处就是让品牌价值最大化，充分发挥名牌的带动作用，相对节省品牌推广费用，快速占领市场；局限性是有些产品不一定适合这个品牌，致命的缺点就是一旦某一产品出了问题便会连累其他产品，损害整个品牌形象，造成一损俱损的后果。

5. 主副品牌策略

这种策略是以一个主品牌涵盖农产品经营企业的系列产品，同时，给各产品打一个副品牌，以副品牌来突出不同产品的个性形象，如"康师傅-老火靓汤""农夫山泉-东方树叶"等。主副品牌策略利用"成名品牌+专用副品牌"的品牌延伸策略，借助顾客对主品牌的好感、偏好，通过情感迁移，使顾客快速认可和喜欢新产品，达到"一石二鸟"的效果，如此，达到了"既借原品牌之势，又避免连累原品牌"的效果，可谓左右逢源。但需注意的是，副品牌只是主品牌的有效补充，副品牌仅仅处于从属地位，副品牌的宣传必须要依附于主品牌，而不能超越主品牌。

6. 亲族品牌延伸策略

所谓亲族品牌策略，是指农产品经营企业的各项产品市场占有率虽然相对较稳定，但是产品品类差别较大或是跨行业，原有品牌定位及属性不宜做延伸时，企业往往把经营的产品按类别、属性分为几个大的类别，然后冠之以几个统一的品牌。例如，中国粮油食品进出口总公司在罐头类产品上使用"梅林"商标，在调味品上使用"红梅"商标，在酒类商品上则使用"长城"商标。

亲族品牌策略既避免了使用统一品牌而带来的品牌属性及概念的模糊，又避免了多品牌策略带来的品牌过多、营销及传播费用无法整合的缺点。亲族品牌策略无明显的劣势，但是相对统一品牌策略而言，如果目标市场利润低，企业营销成本又高，亲族品牌策略营销传播费用分散，则无法起到整合的效果。因此，如果企业要实施亲族品牌策略，应考虑行业差别较大，现有品牌不宜延伸的领域。

（三）农产品品牌延伸的弊端

品牌延伸虽然好处很多，但也不是万灵丹药，也存在着一定的局限性和弊端。

1. **可能损害原有品牌形象**

当某一类产品在市场上取得领导地位后，这一品牌就成为强势品牌，它在消费者心目中就有了特殊的形象定位，甚至成为该类产品的代名词。将这一强势品牌进行延伸后，由于近因效应（即最近的印象对人们的认知影响具有较为深刻的作用）的存在，就有可能对强势品牌的形象起到巩固或减弱的作用，如果运用不当的品牌延伸，原有强势品牌所代表的形象信息就被弱化。

2. **有悖消费心理**

一个品牌取得成功的过程，就是消费者对企业所制造的这一品牌的特定功用、质量等特性产生特定的心理定位的过程。企业把强势品牌延伸到和原市场不相容或者毫不相干的产品上时，就有悖消费者的心理定位。

3. **容易造成品牌认知模糊**

当一个名称代表两种甚至更多的有差异的产品时，必然会导致消费者对产品的认知模糊化。当延伸品牌的产品在市场竞争中处于绝对优势时，消费者就会把原强势品牌的心理定位转移到延伸品牌上。这样一来，就无形中削弱了原强势品牌的优势。

4. 容易产生株连效应

将强势品牌名冠于别的产品上，如果不同产品在质量档次上相差悬殊，就使原强势品牌产品和延伸品牌产品产生冲突，不仅损害了延伸品牌产品，还会株连原强势品牌。

5. 淡化品牌特性

一个品牌在市场上取得成功后，在消费者心目中就有了特殊的形象定位，消费者的注意力也集中到该产品的功用、质量等特性上。如果企业用同一品牌推出功用、质量相差无几的同类产品，使消费者在选择时晕头转向，该品牌特性就会被淡化。

6. 产生跷跷板效应

当延伸品牌的产品在市场竞争中处于绝对优势时，消费者就会把原强势品牌的心理定位转移到延伸品牌上，这样就无形中削弱了原强势品牌的优势。如美国的"Heinz"腌菜原先是市场的主导品牌，而当企业把"Heinz"番茄酱做成市场领导产品后，"Heinz"在腌菜市场的头号地位却被另一品牌"Vlasic"所代替，由此产生了此长彼消的"跷跷板"效应。

（四）农产品品牌延伸应注意的问题

1. 延伸产品必须符合现有品牌农产品的质量标志特征

如果某农产品经营企业一直经营绿色农产品，其品牌质量特征早已被消费者熟知是绿色食品的品牌，一旦该公司利用原有品牌经营无公害蔬菜，势必造成消费者对品牌的认知产生混乱，品牌特征开始模糊，结果很可能是新产品、老品牌"车毁人亡"。

2. 延伸产品必须符合农业企业的长远战略

品牌延伸的目的是壮大公司实力，实现更加快速的发展。但是一项不符合公司长远战略的暂时盈利的延伸产品项目，有可能使得公司的发展计划遭到破坏，使企业迷失方向。如原本是生产牛奶和牛奶制品的企业，突然看到市面上白菜利润较高，就利用原来牛奶的品牌经营白菜，就会使得自身的企业战略计划混乱。同时，会严重损伤消费者对现有品牌的认知。

3. 农产品品牌延伸一定要符合消费者文化认知

消费者是品牌延伸的真正评判者，超出消费者认同的任何品牌延伸都将失败。例如，一个成功的饲料品牌突然延伸到熟肉制品，消费者无论如何对于动物与自己享用一个品牌都不会接受，无论饲料品牌名气再大，其熟肉制品质量再好，品牌延伸都很难成功。

4. 延伸产品要符合公司的资源优势

例如，市场上樱桃价格较高，但本地并不生产樱桃，农业企业偏要到外地购入或自己移植栽培樱桃进行经营，会造成养护成本增加，且水果品质难以保证，最终导致失败。

三、农产品品牌连锁经营

农产品品牌连锁经营是农产品经营企业借助品牌的力量，采取特许、授权或设立分支机构等方式进行连锁经营的一种农产品经营模式。农产品消费者的广泛性决定了农产品经营范围的广泛性，强势品牌的建设离不开在广泛区域上的连锁经营，连锁经营是农产品品牌推广的主要途径之一。同时，农产品的连锁经营也离不开品牌，品牌是连锁经营生存的核心工具。从国际农产品连锁经营的经验来看，品牌农产品的连锁经营模式主要有四种形式，即品牌资源加盟连锁、品牌委托加盟连锁、品牌特许加盟连锁、品牌直营店等形式。农产品具有质量隐蔽性特点，使得农产品在品牌连锁经营的形式上与一般工业品有所不同。其中，品牌资源加盟的连锁模式就不太适合农产品品牌的连锁经营，原因是独立农产品进货的加盟店的农产品质量控制难度大，加盟店的行为很容易损害品牌形象。

四、农产品品牌国际化

农产品品牌发展到一定阶段也必须通过国际化巩固市场地位，扩大影响。如何进行农产品品牌的国际化是当前农产品品牌建设领域的新课题。品牌国际化是向全球统一提供优质的、被消费者认为具有很高价值的产品的行为。农产品品牌国际化是一个隐含时间与空间的动态营销和农产品品牌输出的过程，是一个农产品经营企业将农产品品牌推向国际市场并期望实现国际市场广泛认可和农产品品牌扩张的过程。第一，农产品品牌国际化是一个长时间的品牌建设、推广过程，任何一个农产品品牌都不可能一蹴而就，如雀巢咖啡等农产品品牌国际化用了几十年甚至上百年的时间。第二，农产品品牌国际化是一个企业赢得国际市场的过程，并不是一个品牌只要出国经营就是国际化了，农产品品牌国际化是指这个品牌在国际市场上取得竞争优势，在同行业中获得广泛认可，有足够顾客忠诚度的农产品品牌。第三，农产品品牌国际化是国家农业品牌的重要内容。如泰国大米品牌形象好，是因为泰国大米的大部分产品都有比较好的产品质量和品牌推广策略等。一旦这样一个国家品牌的形象形成，就长期影响着费者的选择。

（一）农产品品牌国际化进程中应注意的问题

1. 入乡随俗

农产品要符合目标国家的食用习惯，因为农产品的食用性强，多数农产品都是食用农产品，而国家和地区间文化差异比较大，不符合当地食用习惯的产品，难以在目标国形成品牌优势。

2. 坚持品牌定位和品牌文化

品牌定位是品牌的根本，品牌定位如果改变，品牌属性就不能传承，品牌难以维系。品牌文化如果改变，品牌彰显的文化诉求就会混乱，原有认可品牌文化的消费者也会流失，品牌个性就会模糊,品牌价值就会受损。

3. 适当按照目标市场国家的生活习惯调整产品结构

虽然品牌定位和品牌文化不能改变,但品牌产品的结构和种类可以按照目标市场国家的特点予以调整,这也就是品牌建设所说的"形变神不变"。东西方国家人的饮食结构各不相同,每个国家消费者食品消费习惯也各不相同,所以,企业要在产品组合上多考虑目标市场国家消费者的特点,因人而变,因情而变。

4. 不可急于求成

农产品品牌建设应该采取先易后难,步步为营的品牌国际化策略。农产品品牌国际化是农产品品牌经营发展到一定规模后的必然选择。当品牌建设相对成熟,国内消费者普遍认可的情况下,或者已经成长为全国名牌的农产品品牌,才应该根据自身品牌战略的安排,进行品牌国际化扩张,在没有练好内功的情况下,不要考虑进行农产品品牌国际化。

(二) 农产品品牌国际化的途径

农产品品牌国际化的途径选择可以分为农产品市场进入路径选择、农产品品牌发展路径选择两个方面,其中,农产品市场进入路径选择形式主要有:先发达国家后欠发达国家,先欠发达国家后发达国家和中间路线3种形式。而农产品品牌的发展路径选择主要有3种形式:自有品牌直接出口;借国外品牌加工出口,具备实力后推广自己的品牌;购买出口国的品牌直接出口。一般情况下,农产品经营企业规模小的时候先借国外品牌生产,实力强后建设自主品牌,这一过程越快越好,不要指望长期使用国外品牌。当企业具备一定的规模后,仍需在国际市场上建设自己的品牌。

农产品品牌建设扩张阶段品牌要素的特点。当农产品品牌建设进入品牌扩张阶段后,农产品品牌已经成为区域名牌或全国名牌，这一时期品牌建设的特点主要体现在：第一，品牌质量满意度已经稳定。品牌农产品的质量已经在消费者心目中形成固定形象，质量满意度已经维持在一个较高的水平上。第二，产品价格已经在消费者心理形成固定模式，在同类产品中的竞争优势已经形成。第三，品牌联想美誉度已经稳定。消费者看到该品牌就能够形成正面联想，相信这个品牌的农产品是值得信赖的农产品。第四，品牌知名度已经达到较高水平。品牌的未提及知名度和提及知名度都达到一个较高的水平。

第六章 农产品品牌建设策略与技术

第一节 农产品品牌创建的途径

一、建立农产品品质差异性

产品品质的差异性是建立品牌的基础，如果是同质的农产品，消费者就没有必要对农产品进行识别、挑选。随着科学技术的发展，只有在农产品品质上建立差异性，才能建立起真正的农产品品牌。

（一）优化农产品品种

不同的农产品品种，其品质有很大差异，主要表现在色泽、风味、香气、外观和口感上，这些直接影响消费者的需求偏好。当优质品种推出后，得到广大消费者的认知，消费者就会尝试性购买；当得到认可，就会重复购买；多次重复，就会形成品牌偏好，这时品牌形象就会逐步建立起来，继而形成品牌忠诚度。

在农产品创品牌的实际活动中，农产品品种质量的差异主要根据人们的需求和农产品满足消费者的程度，即从实用性、营养性、食用性、安全性和经济性等方面来评判。如大米，消费者关心其口感、营养和食用安全性，大米品种之间的品质差异越大，就越容易促使某种大米以品牌的形式进入市场，得到消费者认可。

（二）优选生产区域

许多农产品种类及其品种都有生产的最佳区域。不同区域地理环境、土质、温湿度、日照等自然条件的差异，直接影响农产品品质的形成。许多农产品，即使是同一品种，在不同的区域其品质也相差很大。例如，红富士苹果，陕西、山西、东北、山东等地不同种植区域由于自然条件的差异，虽是同一品种，口感又有些许差异。因此，因地制宜发展当地农产品生产，大力开发当地名、优、特产品的生产，有利于农产品品牌的创立与发展。

（三）坚持科学的生产方式

生产中采用不同的农业生产技术措施也直接影响产品质量，如农药选用的种类、施用量和方式，这直接决定农药残留量的大小；还有如播种时间、收获时间、灌溉、修剪、嫁接、生物激素等的应用，也会造成农产品品质的差异。所以，在农产品生产过程中，必须坚持科学的生产管理方式，才能确保产品品质。

（四）优化营销方式

市场营销方式也是农产品品牌形成的重要方面，包括从识别目标市场的需求到让消费者感到满意的所有营销活动，如市场调研、市场细分、市场定位、市场促销、市场服务和品牌保护等。营销方式是农产品品牌发展的基础，而品牌的发展又进一步提高了农产品竞争力。

二、注册和保护农产品品牌商标

注册商标是农产品取得法律保护地位的唯一途径。没有法律保护地位的农产品终究要被他人侵蚀、淘汰。然而一旦品牌商标被他人抢注或冒用，不但商标价值大打折扣，更重要的是会损害品牌产品的形象，影响企业的声誉。因此，农产品生产企业在创立品牌的同时，应积极进行商标注册，使之得到法律的保护，获得品牌名称和品牌标记的专用权。

三、适当且合理的宣传

（一）加大广告投入

加大广告投入，选择好的广告媒体。广告是企业用来向消费者传递产品信息的最主要的方式。广告需要支付费用，一般来说投入的广告费用越多，广告效果越好，要使优质农产品广为人知，加大广告宣传的投入是必要的。可利用广告媒体如报纸、杂志、广播、电视和户外广告等来传播信息。在媒体选择时要注意根据媒体特点、受众特点、产品特点选择媒体工具、确定广告频率和广告的时机。

在进行广告宣传时应注意坚持以下3个原则。一是真实性原则。广告法对广告宣传活动提出了应当真实合法、符合社会主义精神文明建设的要求等几项基本要求，并特别指出：广告不得含有欺骗和误导消费者的内容。广告的生命在于真实，进行广告宣传必须如实地向消费者介绍产品，不可夸大其词误导消费者。二是效益性原则。设计、制作发布广告时要做好市场调查，有些广告媒介费用很高，要根据宣传的目标、规模、任务、市场通盘考虑，从实际出发，节约成本，力争以最少的广告费用取得最大的效益。三是艺术性原则。广告内容是通过艺术形式反映和表现出来的，无论是电视广告、印刷广告、广播广告或其他广告，都分别或全面地通过美的语言、美的画面、美的环境将广告意念烘托出来。要处理好真实性和艺术性的关系，艺术形式不得违背真实性原则，要运用新的科学技术，精心设计、制作广告，要给人以美感，要使广告的受众从中得到启发，受到感染。

（二）改善公共关系，塑造品牌形象

通过有关新闻单位或社会团体，无偿地向社会公众宣传、提供信息，从而间接地促销产品。公共关系促销较易获得社会及消费者的信任和认同，有利于提高产品的美誉度、扩大知名度。公

共关系着眼于农产品经营企业长期效益和间接效益,好的公共关系决策能够实现无心插柳柳成荫的效果。

（三）注重产品包装,抬升产品身价

进口的泰国名牌大米,如金象、金兔、泰香等大多包装精致。而我国许多农产品却没有包装,有些即使有包装也较粗糙,这不利于名牌的拓展。包装能够避免运输、储存过程中对产品的各种损害,保护产品质量;精美的包装还是个优秀的"无声推销员",能引起消费者的注意,在一定程度上激起购买欲望,同时,还能够在消费者心目中树立起良好的形象,提升产品的身价。例如,褚橙精美的包装,给消费者留下了深刻印象,为褚橙的销售起到了促进作用。

四、依靠科技打造品牌

科技是提高农产品质量的关键措施。先进的技术确保了品牌农产品在质量上与功能上的先进性,从而使该品牌产品更易被市场接受。在国际市场上各国的农产品竞争实质上是农业科技的竞争,谁的农业科技水平领先,谁的农产品就会获得领先权,就具有市场竞争力。在农产品的生产过程中,必须重视科技创新,依靠技术进步,加强新品种引进培育,提高自己的产品开发能力,以新产品、特色产品、精深加工产品保持品牌的生机和活力。应广泛运用生物工程技术、现代先进种养技术、加工技术和信息技术等,发展科技含量和附加值高的品牌产品,着力解决动植物产品药物残留问题,保证产品质量安全,提高农业综合效益。

五、注重品牌整合传播

创建农产品品牌,还要增加对品牌产品的宣传投入,塑造品牌形象,打响知名品牌。要善于利用媒体广告以及博览会、招商会、网络营销、专题报道、展销会和公共关系等多种促销手段,进行品牌的整合宣传，提高公众对品牌形象的认知度和美誉度，做大做强农业品牌。要重视现代物流新业态，广泛运用现代配送体系、电子商务等方式，开展网上展示和网上洽谈，增强信息沟通，搞好产需对接，以品牌的有效运作不断提升品牌价值，扩大知名度。

第二节 控制农产品品牌建设风险

农产品品牌建设风险是指农产品经营企业在进行品牌创建过程中由于出现不利因素而导致品牌建设活动受损，甚至失败的状态。

一、风险的类型

（一）环境风险

环境风险是指政治、经济、社会、技术等变化给企业带来的风险。农业是弱质性产业，对环境具有较高依赖性。农产品营销活动与品牌创建必须不断适应所处的环境变化否则任何一个方面的变化都可能会给农产品品牌建设活动带来不小的风险。

（二）市场需求风险

农产品市场需求总是在不断变化着，消费者行为习惯的变化、市场流行趋势变化等都会影响企业的经营，从而带来一定的风险。农产品品牌建设过程中必须时刻保持灵敏的嗅觉，洞察市场的变化，有针对性地改变策略以及产品、服务，才不会被市场淘汰。

（三）信息风险

农产品市场存在信息不对称。在完全竞争的市场结构中，价格完全发挥着对农产品生产活动的调节作用，农产品的供求很难实现真正的平衡，价格总是在上涨和下跌中波动，经济学上将这种现象称为蛛网效应。因此,农产品交易中各企业的信息不对称会给企业的品牌建设带来不小的风险,进而给企业带来损失。

(四) 信用风险

信用风险又称违约风险,是指交易对象未能履行契约中的义务而造成经济损失的风险,比较常见的有合同违约、拖欠应付账款等。农产品经营企业在选择交易合作的伙伴时就应对合作伙伴进行信用考评,选择那些信用度良好的企业,以降低风险。同时,在与其他成员的合作过程中,也应注意相互关系的提升,并采取有效的法律武器维护自己的利益,以降低合作伙伴间的信用风险。

(五) 产品风险

产品风险是指农产品在市场上处于不适销对路时的状态。如农产品品种选择不妥,消费者的需求发生改变;种养中病虫害给农产品带来的风险;产品质量不稳定或较差,引起消费者拒绝购买;品牌商标被侵权或被抢注的风险,品牌形成后疏于维护或维护不当而使信誉受损。

(六) 定价风险

定价风险是因经营者为农产品制定的价格不当,导致市场竞争加剧,或消费者利益受损,或企业利润下降的状况。如不了解自己的产品销售给什么类型的消费者,尤其是对消费者需求能力和购买能力的估计错误,或者不顾及消费者对价格的认知,不了解自己将面临什么样的竞争对手,不顾及竞争对手对定价的反应,由此确定的价格,不管是高价还是低价都有可能会遭受消费者的拒绝。

(七) 分销渠道风险

分销渠道风险是指企业所选择的分销渠道不能履行分销责任和不能满足分销目标及由此造成的一系列不良后果。如分销商的实力不适应农产品的销售条件,所处地理位置不好或分销商违反合同条款；分销商由于产品在储运、运输过程中导致的产品数量、质量或供应时间上的损失形成的风险；分销商的恶意拖欠和侵占货款，或无力还款造成的货款回收风险。

(八) 促销风险

促销风险是指农产品经营者在开展促销过程中，由于促销行为不当或干扰促销活动的不利因素出现，而导致企业促销活动受阻、受损，甚至失败的状态。如广告投放没有达到预期的促销效果。

二、风险的控制方法

(一) 风险规避

风险规避是指回避、停止或退出蕴含风险的渠道活动，避免承担风险所产生的后果。风险规避相对其他方法来说比较保守、比较消极。因为人们常说"风险越大，收益越大"，不承担风险，虽然避免了损失，也失去了潜在的收益。这种方法一般用于发生概率非常大或者会引起严重后果的风险，对于那些重大风险应当采取规避的态度，不能"明知山有虎，偏向虎山行"。

(二) 风险转移

风险转移是指企业将风险转移给第三方，从而不再对风险事件负有责任。常见的风险转移形式有保险和非保险转移。保险，即农产品经营企业与保险公司签订合同，缴纳保险费，由保险公司为将来可能发生的损失支付补偿，以转移风险。非保险转移，则是通过合同或契约将渠道风险转移给非保险机构，其主要是责任的转移，而不是营销活动本身风险的转移。在进行风险管理时，通常采用的转移的具体方法有购买业务保险和担保。

(三) 风险减轻

风险减轻是一种比较积极的风险控制方法，即企业接受风险，通过控制风险事件发生的动因、环境、条件等来降低风险事件发生的概率或减轻风险事件发生的损失。风险减轻的对象一般是可控风险，如多数运营风险。风险减轻，是建立在已经认识清楚风险的危害程度，并找出导致风险存在的因素，对那些主要的风险因素进行改变，以达到控制风险的目的。但必须考虑风险的变动性，认清一个因素的改变是否会导致另一些因素的产生。

（四）风险自留

风险自留是指为了能够获得尽量高的收益，企业需要承担在可承担的范围内的一定的风险。风险自留本身也带有巨大的风险，但如果营销风险未造成损失，风险自留是最节约成本的一种方式，也经常给企业带来收益。对那些损失和概率都较低的风险，可以采取风险自留或风险减轻，这样不用投入太多成本和资源。

第三节　农产品区域品牌建设

一、农产品区域品牌的含义

采用区域公用品牌类型创建农产品品牌、发展区域产品销售、提高区域形象的成功例子较多：如美国的艾达华土豆品牌、中国台湾的台湾好米、日本神户牛肉、新西兰奇异果等。作为农产品品牌的一种重要类型，农产品区域品牌指的是特定区域内相关机构、企业、农户等所共有的，在生产地域范围、品种品质管理、品牌使用许可、品牌行销与传播等方面具有共同诉求与行动，使区域产品与区域形象共同发展的农产品品牌。

（一）区域品牌的要素构成

农产品区域品牌是市场对某区域中某类产品的认可，是众多同类企业行为的综合体现，它为一群生产经营该类产品的企业、机构、农户所共同拥有，消费者能通过该区域的名称联想到这类产品。它包含2个要素。

1. 区域性

一般限定在一个地区或一个城市内，带有强烈的地域特色，并为整个地区相关企业服务。

2. 品牌效应

往往代表一个地区产业产品的主体和形象。区域品牌是一定区域范围内社会、文化、经济中具有特色的内容的总和，是区域信息的载体，是一张"区域名片"，是一个识别系统，是一种巨大的无形资产，由区域（地名）+产业（产品）名称构成，如库尔勒香梨。

（二）农产品区域品牌的特性

（1）一般须建立在区域内独特自然资源或产业资源的基础上，借助区域内的农产品资源优势。

（2）品牌权益不属于某个企业或集团、个人拥有，而为区域内相关机构、企业、农户等共同所有。

（3）具有区域的表征性意义和价值。特定农产品区域公用品牌是特定区域代表，因此，经常被称之为一个区域的"金名片"，对其区域的形象、美誉度、旅游等都起到积极的作用。

（三）农产品区域品牌的要求条件

1. 资源条件

要拥有独特自然资源及悠久的种植、养殖方式与加工工艺历史。

2. 生产过程

实行区域化布局、标准化生产、产业化经营和规范化管理。

3. 形象标识

以生产区域为名形成整体形象，产品通过国家地理标志认证或证明商标注册。

4. 市场地位

产品质量领先,市场占有率、品牌知名度和消费者满意度居行业前列。

5. 品牌管理

品种品质管理、品牌使用许可、品牌行销与传播等要有共同诉求与行动。

二、农产品区域品牌发展策略

农产品区域品牌建设,有三大关键环节:一是要打造好;二是要保护好;三是要使用好。

(一) 打造好农产品区域品牌

打造好农产品区域品牌,就是在一个区域内,把品牌做出来,建立起来。为此,需要做好,做大。做好,就是用各种技术手段,把产品的品质做好。这是最根本的:有了优良产品,才可能做成名牌。第一,是要种对作物。要根据当地的自然条件特点,种植最适宜的作物,这就是最大限度地发挥出区域的自然条件比较优势。第二,是选好品种。没有优质的品种,就没有优质的产品。好品种不光靠选,也要培育。第三,是做好管理。科学的管理,才能让好品种,在好条件下,产出好产品。

做大,就是要形成一定的规模,没有规模,品牌也难以建立。通过区域内部的专门化,形成区域的规模化,从而克服一家一户小生产与大市场之间的矛盾。在一个县域内,通常自然条件大体相近,包括光热、降水、土壤、水质等。实行一县一品或一县几品,可以形成较大的区域生产专业化规模。例如,广西壮族自治区荔浦县砂糖橘种植面积达 30 万亩,广西壮族自治区恭城县月柿种植面积达 20 万亩。区域连片化种植规模较大,在生产技术普及扩散、产品质量规格标准化、市场销售渠道、产品加工处理和综合利用等方面,都可以取得很好的规模效益。做好品质，做大规模，品牌就可以建立起来了。

(二) 保护好农产品区域品牌

保护好农产品区域品牌，就是要确保区域内的所有产品，都能够达到均一的高品质。当区域内存在着大小规模不等的、数量众多的生产者的时候，统一的规范化的技术规程要求，就是十分重要的。这些技术规程，包括采用的具体品种、种植方式、施肥灌水、收获管理等。例如，黑龙江省五常大米的生产地五常县，所种植的水稻品种高度统一，基本上都是稻花香。又如，广西壮族自治区百色市为保证芒果的成熟度，避免无序竞争过早上市，每年规定了最早采摘上市的时间。

对于区域内质量差的产品，要采取措施，禁止使用公用品牌。质量差的原因，可能是技术水平方面的问题，也可能是自然条件不合适。例如，在海拔高度差较大的地方，区域内有些地方，可能就不适合种植区域公用品牌产品。

在保护好公用品牌方面，还有来自区域外的挑战。这是一个矛盾：如果没有人愿意假冒你的品牌，那说明你的品牌没什么影响，没什么价值；而如果别人都竞相冒用你的品牌，那就说明你的品牌树立起来了，打响了名气，但假冒产品也会直接危害到你的品牌的声誉。比较复杂的是，并不是所有的假冒，都是低质量的；由于地理标志的申请是按照行政区划，而行政区划外的临近地区，可能自然条件也同样很好，产品质量也很好，一点也不比区域内的差。在这种情况下，从促进资源利用和优质发展的角度出发，可以扩大地理标志的涵盖范围，把这些临近区域，也包括进来。百色芒果这个地理标志产品，就是采用了一个市级区域的名称，把所属4个县的芒果种植优势区，都涵盖了。

(三) 使用好农产品区域品牌

使用好区域品牌，就是让品牌效应最大化，让品牌市场价值最大化。一方面，要让尽可能多的区域内生产者，都享受到区域公用品牌的好处。这就需要给农民提出质量要求，提供技术服务。另一方面，要宣传好品牌，让更多的消费者熟悉、认可和推崇区域公用品牌。调研中发现，有的地方，满足于产品不愁卖就成（收购商到地头收购），而不愿意在广告宣传等方面费力气，让品牌取得更大的影响力。这就是没有让品牌效益实现最大化。

参考文献

陈国胜. 2014. 农产品营销 [M]. 北京：清华大学出版社.
范明明. 2011. 市场营销与策划 [M]. 北京：化学工业出版社.
韩旭. 2016. 中小农业企业品牌战法 [M]. 北京：企业管理出版社.
李建军. 2014. 农产品品牌建设——基于农业产业链的研究 [M]. 北京：经济管理出版社.
刘超，庞晓玲. 2016. 农产品市场营销实务 [M]. 杨凌：西北农林科技大学出版社.
陆立才. 2016. 现代农产品营销实务 [M]. 苏州：苏州大学出版社.
吕清华，赵雪平. 2015. 农产品市场营销 [M]. 北京：中国农业大学出版社.
马国宇，王继平. 2015. 农产品市场营销及品牌建设 [M]. 北京：中国农业科学技术出版社.
夏凤. 2014. 农产品营销实务 [M]. 北京：清华大学出版社.
许传波，陆远强，汤森龙. 2016. 农产品质量安全与农业品牌化建设 [M]. 北京：中国农业科学技术出版社.
杨明刚. 2009. 市场营销策划 [M]. 北京：高等教育出版社.
赵宪军，周剑. 2012. 农产品市场营销 [M]. 北京：金盾出版社.
周修亭，孙恒有. 2009. 市场营销学 [M]. 郑州：郑州大学出版社.